從傳統到新穎，104種擄獲人心的英式甜點

典藏英國甜點

甜點的由來與作法

羽根則子
NORIKO HANE

A COMPREHENSIVE GUIDE
TO BRITISH BAKING AND PUDDINGS

瑞昇文化

2007年秋天，我結束所有在日本的工作，來到了英國，目的是為了有系統地學習英國的家常甜點及料理。

過去在拜訪英國、乃至於搬到英國住的那段時間，英國食物的有趣之處令我大開眼界，同時也是英國這個國家本身對食物開眼的時期。所有看到的、聽到的東西都是那麼地有趣，進化的速度也非常快。因為是有很多移民及外國人的國家，食物的多元化也令人瞠目結舌。另一方面，愈是深入地了解到每一樣甜點及料理背後的故事，就愈是有很多感慨，也愈來愈感興趣。

即使在日本，也能買到這方面的書。於是我利用空閒的時間，每天廢寢忘食地研究。然而，光靠自己學習，還是有所極限。

我的工作是要廣泛地撰寫與食物有關的專欄，因此對於西餐的基礎，也就是法式甜點及料理的基礎已經有一定程度的理解。但或許也正因為如此，心裡開始產生各式各樣的疑問。英國食譜中所提到的○○是否就是法文的○○呢？問題是遲遲無法找到將兩個國家串連起來的資訊。

去當地打聽還比較快，而且還可以藉由這個機會，從頭學好英式甜點及料理的基礎——於是乎，我決定去英國學習烹飪。

我就讀的學校不管是在理論還是實踐上皆提供了徹底的教學，標榜家常菜&甜點，卻又不是○○風，也是我決定要在那裡學習的關鍵。

首先要記住公式，藉此打好基礎，然後再自由地發揮——這是成為專業廚師的前置作業，也是所謂學前教育的宗旨。可以在麻雀雖小、五臟俱全的圖書館裡任意閱覽，還能私底下與老師或助教交流也惠我良多。

最重要的是，能一直和英國人相處在一起，仔細觀察他們對食物的想法及作法。「小時候經常吃到這種甜點。」、「這款甜點以前是那樣的，但現在以這樣為主流。」這種無關緊要的對話對我來說全都很新鮮。

收到這本書的企畫時，我便打算要將自己實際感到疑惑的事、因此深入了解後發現到的事寫出來。因為肯定有人與我抱著相同的煩惱吧。

　　同時，不只是這樣，我也希望即使是對英式甜點一無所知的人拿起這本書，也能充分地感受到英式甜點的魅力。英式甜點這種特別深受英國家庭所喜愛的甜點，其優點正是常被說到的簡單樸實。正因為如此，餅乾或奶油酥餅、司康才會在日本也這麼受歡迎不是嗎？

　　但願這本書能幫助各位從更宏觀的角度來認識英式甜點。

　　最後，謹在此向多年來毫不吝惜給予我協助、建議的英國友人John McClellan致上感謝之意。

2015年3月
羽根則子

A COMPREHENSIVE GUIDE
TO BRITISH BAKING AND PUDDINGS

英式甜點圖鑑

CONTENTS

※部分作法會在甜點名稱的旁邊標註〈基本的配方〉。
　本書的食譜皆以此為軸心，加以變化而成。

蘋果派
APPLE PIE

把蘋果的酸、甜、香封存起來

●分類：派 ●享用場合：飯後甜點、下午茶 ●成分：鬆脆酥皮＋蘋果

日本人也很熟悉的蘋果派容易給人美國甜點的印象，但其實是蘋果派是款以英國為首，全世界都有在做的甜點。奧地利的薄皮蘋果卷（用麵皮把蘋果捲起來烘烤成蛋糕卷）及法國的反烤蘋果塔（把一整顆蘋果和塔皮上下顛倒烘烤而成）都是蘋果派的其中一種。荷蘭的蘋果派則是把類似烤奶酥（→P.72）那種蓬鬆酥脆的材料覆蓋在表面上做成。瑞典的蘋果派使用的不是派皮，而是麵包粉，製作成英國人口中的蘋果烤奶酥（→P.73）。

由此可見，蘋果派可以有很多變化，而英國的蘋果派比較接近美國的蘋果派。底部和表面都用上了派皮，塞滿熬煮過的蘋果。順帶一提，這種上下都用上派皮的作法稱之為雙層派皮（→P.215）。很難界定出其明確的差異，但英國的蘋果派不像美國的蘋果派那麼大分量，蘋果裡也沒有加入太多肉桂的味道。聽說美國人去到英國時，曾經被薄薄的蘋果派嚇了一大跳。

在英國，蘋果派的食譜出現在文獻上是14世紀後半的事。當時使用的材料為蘋果、香料、無花果、葡萄乾、洋梨，並未用到砂糖。砂糖是在16世紀以後才出現在食譜上。

蘋果派是家家戶戶都可以輕鬆製作的甜點，冷掉好吃，剛出爐的狀態也好吃。也有人會單吃蘋果派，但多半都會加上鮮奶油或卡士達醬（→P.216）。

蘋果派（直徑18cm的派模1個份）

材料
鬆脆酥皮（→P.214）…… 350g
蘋果（紅玉）
　…… 3個半～4個（約600g）
砂糖 …… 60g
肉桂 …… 1/4小茶匙
牛奶 …… 適量

作法
1 製作鬆脆酥皮，放在冰箱裡備用（→P.214）。
2 蘋果削皮、去芯，切成8等分，再切成5mm厚的三角形。
3 把蘋果、砂糖、肉桂放進鍋子裡，開小火，煮大約5分鐘，整鍋靜置放涼。
4 把奶油（分量另計）塗抹在派模裡。將烤箱預熱至180度。
5 將鬆脆酥皮擀成2mm厚，鋪在派模裡，切除多出來的部分，再把剩下的鬆脆酥皮揉成一團，擀成2mm厚的圓形。
6 把3的蘋果放進5的派模裡，將表面抹平。
7 邊緣塗上牛奶，蓋上擀成圓形的鬆脆酥皮，輕輕地按壓表面，確實將派皮蓋緊，再把多出來的部分切掉。鬆脆酥皮重疊的部分一定要確實地壓緊。
8 在中央戳出小小的氣孔，表面塗上牛奶。
9 以190度的烤箱烤40分鐘。
※日本的蘋果有很多水分，所以在熬煮的時候要徹底地把水分燒乾。

貝克維爾塔
BAKEWELL TART

意外誕生的一道甜點

●分類：塔　●享用場合：飯後甜點、下午茶　●地區：英格蘭·德比郡·貝克維爾
●成分：鬆脆酥皮＋果醬＋夾心

　　若說要是沒有這款點心，貝克維爾這個小鎮的名聲就不會廣為人知也不為過。貝克維爾是位於英格蘭中部德比郡的小鎮，貝克維爾塔即是以小鎮名稱為名的甜點。

　　與其他的英式甜點相同，關於貝克維爾塔的由來眾說紛紜，最有名的說法是起源自19世紀在「White Horse Inn（現Rutland Arms Hotel）」廚房裡發生的意外。原本是打算把果醬放在塔皮裡，做成果醬塔（→P.114），結果不小心把用來做成塔皮材料的蛋液加到果醬上，原本要做塔，結果卻變成布丁。沒想到大受好評，還出現在19世紀的食譜書裡。

　　如同上述的小故事所示，貝克維爾塔原本是作為一種布丁而廣為人知，進入20世紀以後，才普遍稱之為貝克維爾塔。

　　如今不只是發源地貝克維爾，貝克維爾塔已經是整個英國家喻戶曉的甜點了，蛋糕店當然不用說，就連在超級市場及販售甜點的食品賣場也能看到它的蹤影。通常是以鬆脆酥皮（→P.214）來製作，但是也可以用千層酥皮（→P.214）製作成更輕盈的口感。將糖霜塗在表面，再放上糖漬櫻桃製成的貝克維爾塔也很常見。

貝克維爾塔（直徑18cm的派模1個份）

材料

鬆脆酥皮（→P.214）…… 225g
覆盆子果醬 …… 2大茶匙
奶油 …… 50g
砂糖 …… 50g
蛋 …… 1個
杏仁粉 …… 50g
杏仁片 …… 10g

作法

1　製作鬆脆酥皮，放在冰箱裡備用（→P.214）。
2　將烤箱預熱至180度。把奶油（分量另計）塗抹在派模裡。
3　將鬆脆酥皮擀成2mm厚，鋪在派模裡，切除多餘的部分。用叉子在上頭戳洞，先放進冰箱裡冷藏，要用的時候再拿出來。
4　把蛋和砂糖放進調理碗，打發到帶點黏性為止。再倒入融化的奶油和杏仁粉，攪拌均勻。
5　把覆盆子果醬塗抹在3的派皮上，注入4。表面再撒上杏仁片。
6　以180度的烤箱烤35分鐘。

香蕉麵包
BANANA BREAD

平易近人的家常烘焙點心

●分類：蛋糕　●享用場合：下午茶、早餐　●成分：麵粉＋奶油＋砂糖＋蛋＋香蕉

我猜每個國家的狀況應該都大同小異，備受喜愛的甜點不見得一定都是具有歷史及傳統這種充滿故事性的東西。也有基於容易製作、老少咸宜的理由而受到一般家庭支持的甜點。這款香蕉麵包也不例外，特色在於將香蕉搗碎加進去得到的溫和甘甜風味。

雖以麵包為名，卻不是所謂的麵包，而是如假包換的蛋糕，也可以分類為磅蛋糕等烘焙點心之一。之所以以麵包為名，裡頭卻是蛋糕，是因為蛋糕是從麵包演變而來。跟這款香蕉麵包一樣，這種命名習慣也出現在巴斯小圓麵包（Buns是小型麵包的意思）（→P.20）等甜點的名稱上。

為了讓麵團發起來，使用了泡打粉，但是也有用小蘇打粉的作法。除了可以當下午茶點心以外，也很適合在早餐吃。可以直接吃，也可以塗上奶油來吃。

作法不難，重點在於要使用熟透的香蕉。說得更直接一點，就是要使用幾乎快要爛掉的香蕉。關於不要浪費食材這點，也充滿了一般家庭節約的考量。

在連鎖咖啡廳也能吃到。這是事先就刻意烤成小塊一點的香蕉麵包。

香蕉麵包 （12×21.5cm的磅蛋糕模型1個份）

材料
低筋麵粉 …… 150g
泡打粉 …… 1又1/2小茶匙
奶油 …… 50g
砂糖 …… 80g
蛋 …… 1個
香蕉（果肉）…… 200g
　（約2根，太小的話則2根半～3根）
牛奶 …… 2大茶匙
香草精 …… 2～3滴

作法
1 將奶油置於室溫中，放軟備用。把奶油（分量另計）塗抹在模型裡，鋪上烘焙紙。將烤箱預熱至180度。
2 低筋麵粉和泡打粉混合並過篩。把蛋打散備用。
3 將香蕉切成圓片，用叉子的背面等工具搗爛，再加入牛奶和蛋，混合攪拌均勻。
4 把奶油放進調理碗，攪散到呈現柔滑細緻的乳霜狀。加入砂糖，混合攪拌均勻。加入 3 攪拌。再加入過篩的粉類、香草精，攪拌均勻。
5 把麵糊倒入模型，將表面抹平，讓中央凹陷下去，以180度的烤箱烤40～50分鐘。

香蕉太妃派
BANOFFI PIE

把煉乳變成太妃糖

●分類：派　●享用場合：飯後甜點、下午茶　●地區：英格蘭‧東薩塞克斯郡
●成分：鬆脆酥皮＋香蕉＋太妃糖＋鮮奶油

　　香蕉太妃派於1972年誕生自位在英格蘭南部伊斯特本近郊小村落的餐廳「Hungry Monk（2012年歇業）」，算是比較新的甜點。將香蕉、太妃糖、打發的奶油放在派皮上，初登「Hungry Monk」的菜單就大受好評，成為該店的招牌品項，甚至是足以代表英國的甜點之一。

　　進入1990年代後，超級市場有鑑於這款甜點的名氣，紛紛推出香蕉太妃派。因為被當成美式風味的派來賣，令創造出香蕉太妃派的推手之一「Hungry Monk」餐廳的老闆Nigel Mackenzie大為憤慨，後來成功地得到超級市場的道歉。近年來放上大量鮮奶油的派式甜點的確不稀奇，但是考量到這與英

國的派性質相左，再加上主打創新的用意，才會把香蕉太妃派當成擁有較多類似風格甜點的美國產品來賣。

　　香蕉太妃派的製作方法最大的特徵就在於把整罐煉乳隔水加熱，做成太妃糖這種大膽的手法。秘魯的「牛奶糖（manjar blanco）」也是以同樣的手法製作，因此不是什麼太特別的作法。隔水加熱的時間為2～3小時。簡單歸簡單，但是很花時間，因此也有把砂糖和奶油加到煉乳裡，用鍋子熬煮的方法，本書介紹的也是這種作法。原創的食譜是用鬆脆酥皮（→P.214）來製作底部，但是搗碎餅乾，將其鋪滿在派模裡的作法也很常見。

香蕉太妃派（直徑18cm的派模1個份）

材料

鬆脆酥皮（→P.214）…… 225g
煉乳 …… 175g
奶油 …… 35g
三溫糖 …… 35g
香蕉 …… 1根
鮮奶油 …… 100ml
可可粉 …… 1/4小茶匙

作法

1　製作鬆脆酥皮，放在冰箱裡備用（→P.214）。
2　將烤箱預熱至200度。把奶油（分量另計）塗抹在派模裡。
3　將鬆脆酥皮擀成2mm厚，鋪在派模裡，切除多餘的部分。用叉子在上頭戳洞，放進冰箱裡冷藏20分鐘。
4　將烘焙紙鋪在3裡，放上重石，以200度的烤箱烤20分鐘。時間到拿出來，取出烘焙紙和重石，再烤5分鐘。
5　把奶油和三溫糖倒進鍋子裡，開小火，煮到奶油融化，與三溫糖融為一體後，再加入煉乳，攪拌到呈現慕斯狀。煮到沸騰以後，邊攪拌邊用小火再煮3分鐘。
6　把5倒進4裡，放進冰箱，靜置1小時以上。
7　香蕉切圓片再對切成半月形。將鮮奶油打發到可以微微拉出立體的尖角。
8　把香蕉鋪在6裡，再鋪滿鮮奶油，將表面抹平，撒上可可粉。

斑點麵包

BARA BRITH

加入滿滿的果乾甚是賞心悅目

●分類：發酵點心　●享用場合：下午茶　●地區：威爾斯　●成分：發酵麵團＋香料＋果乾

原文Bara Brith聽起來真是個不可思議的名稱。這是威爾斯語，翻譯成英文是「Speakled Bread」，也就是「斑點麵包」的意思。為加入了大量葡萄乾等果乾的麵包甜點，塞得滿滿的果乾看起來有如斑點，是其名稱的由來。以前在威爾斯的家庭裡，固定每週都會烤上一次，是威爾斯人從小吃到大的甜點。吃的時候通常是切片塗奶油吃。

斑點麵包有各式各樣的作法。現在以利用泡打粉來製作為主流，但原本是以酵母來發麵，因此也有很多人認為用酵母製作的斑點麵包才是正統的斑點麵包。除此之外，也有人主張最好使用一般酵母，而非不需要事先發酵、用起來很輕鬆的速發乾酵母。由此可知，依照作法不同會有各式各樣的斑點麵包，但傳統的斑點麵包非常受到重視，會在慶祝威爾斯的守護聖人，也就是3月1日的聖大衛日或聖誕節的早餐吃。

英國各地都可以看到大同小異的麵包甜點，在愛爾蘭的名稱是「Barm Brack」、在蘇格蘭的名稱是「Selkirk Bannock」。在地球另一端的阿根廷也有類似斑點麵包的甜點，稱為「Torta Negra（黑蛋糕）」，是從威爾斯移民到阿根廷的人帶過去的。

斑點麵包（12×21.5cm的磅蛋糕模型1個份）

材料

高筋麵粉 …… 225g
速發乾酵母 …… 1/4大茶匙
　（略少於1小茶匙）
三溫糖 …… 1小茶匙＋30g
鹽 …… 1/2小茶匙
奶油 …… 30g
牛奶 …… 100ml
蛋 …… 1/2個
葡萄乾 …… 100g
綜合果乾 …… 100g
肉桂、肉荳蔻、
　牙買加胡椒（混合）
　…… 1/2小茶匙
蜂蜜 …… 適量

作法

1 把奶油（分量另計）塗抹在調理碗裡，把蛋打散備用。

2 把牛奶倒進鍋子裡，開火，煮到接近人體皮膚溫度後關火，加入1小茶匙三溫糖和速發乾酵母。

3 高筋麵粉和鹽混合並過篩，將奶油切成適當的大小，用食物處理機打碎到變成疏鬆的粉狀。

4 移到調理碗中，加入30g三溫糖和葡萄乾、綜合果乾、肉桂、肉荳蔻、牙買加胡椒，混合攪拌均勻，在正中央壓出凹槽，把2和蛋倒進去。

5 揉5分鐘，直到出現彈性，表面變得光滑為止。

6 再移到塗上奶油的調理碗中，放在溫暖的場所發酵45分鐘。

7 把奶油（分量另計）塗抹在模型裡。

8 揉捏麵團（擠出空氣），再把麵團攤平，放進模型裡。

9 放在溫暖的場所發酵30分鐘。

10 將烤箱預熱至200度。

11 以200度的烤箱烤30分鐘。

12 趁熱塗上蜂蜜。

巴斯小圓麵包
BATH BUNS

別名：倫敦巴斯小圓麵包／London Bath Buns

18世紀誕生於巴斯的麵包甜點

●分類：發酵點心　●享用場合：下午茶　●地區：英格蘭‧巴斯
●成分：麵粉＋奶油＋砂糖＋蛋＋果乾

顧名思義，巴斯小圓麵包是誕生於巴斯的麵包甜點。巴斯是意味著洗澡的「Bath」的語源，是很有名的溫泉鄉，至今仍有許多觀光客趨之若鶩。

巴斯小圓麵包的果乾及香料吃起來很舒服，最適合在下午茶的時候享用了。這款麵包甜點的歷史可以回溯到18世紀，當時有很多需要療養的患者從倫敦前往巴斯，在這裡喝了大量的礦泉水，並改掉暴飲暴食的壞習慣。提倡這種療法的威廉‧奧利佛博士也負責食譜的研發，想出了以自己的名字命名的奧利佛餅乾，還有這款巴斯小圓麵包。順帶一提，足以代表英國夏天的甜點——夏日布丁（→P.186）也是誕生自巴斯的飲食療法菜單中的產品之一。

1851年的倫敦萬國博覽會是全世界第一場國際展覽會，巴斯小圓麵包也參展了，而且居然狂賣95萬個。巴斯小圓麵包目前之所以能成為英國極為常見的麵包甜點之一，不難想像是因為在上述萬國博覽會上的銷售成績為其打開了全國性的知名度。

話說回來，巴斯還有另一款家喻戶曉的麵包，那就是沙麗蘭麵包（→P.156）。也有人認為沙麗蘭麵包才是巴斯的麵包，各說各話，莫衷一是。之所以會刻意在巴斯小圓麵包前再加上倫敦二字，稱為倫敦巴斯小圓麵包，也是因為這個緣故。

巴斯小圓麵包（8個份）

材料

高筋麵粉 …… 225g
速發乾酵母 …… 1/4大茶匙
　　（略少於1小茶匙）
鹽 …… 1/2小茶匙
砂糖 …… 50g
奶油 …… 25g
蛋 …… 1個
牛奶 …… 115ml
果乾（由葡萄乾、
　　淡黃色無子葡萄乾、
　　無子小葡萄乾、
　　綜合水果皮等混合而成）
　　…… 75g
方糖 …… 10g

作法

1　把奶油（分量另計）塗抹在調理碗裡。將高筋麵粉和鹽混合並過篩。把速發乾酵母和砂糖拌勻。將奶油切成適當的大小。把蛋打散備用，預留1大茶匙做為最後的裝飾用。將牛奶加熱到接近人體皮膚溫度。
2　把1的粉類和奶油放進食物處理機，打碎到變成疏鬆的粉狀。
3　移到調理碗中，加入1的速發乾酵母和砂糖，混合攪拌均勻。在正中央壓出凹槽，倒入蛋液和加熱好的牛奶。
4　揉5分鐘，直到出現彈性，表面變得光滑為止。
5　再移到塗上奶油的調理碗中，放在溫暖的場所發酵1小時。
6　把烘焙紙鋪在烤盤上。
7　把果乾加到麵團裡，揉捏麵團（擠出空氣），切成8等分。
8　把切成8等分的麵團各自捏成圓形，放在烤盤上。
9　放在溫暖的場所發酵30分鐘。
10　用擀麵棍等工具把方糖敲碎。將烤箱預熱至200度。
11　把步驟1預留下來的蛋塗在表面上，再撒上敲碎的方糖。
12　以200度的烤箱烤10～12分鐘。

巴騰堡蛋糕
BATTENBERG CAKE

黃色與紅色的格子圖案非常漂亮

●分類：蛋糕　●享用場合：下午茶　●地區：英格蘭　●成分：蛋糕＋果醬＋杏仁糖膏

英國的蛋糕不會做太多華麗的裝飾，看起來多半都很不起眼，而這款巴騰堡蛋糕是由黃色與紅色的格子圖案構成，視覺上也很美觀。作為午後的茶點享用，在英國是眾所周知的下午茶甜點之一。

巴騰堡蛋糕的由來眾說紛紜，19世紀後半留下了「骨牌蛋糕／Domino Cake」、「教堂花窗蛋糕／Church Window Cake」、「拿坡里卷／Neapolitan Roll」等名稱的記錄。1884年，維多利亞女王的孫女與德國巴騰堡家的兒子結婚時，巴騰堡蛋糕的名稱才固定下來。顧名思義，巴騰堡蛋糕的語源並不是英語，而是德語。根據20世紀初期的文獻顯示，專為這場婚禮製作的巴騰堡蛋糕是使這個名稱廣為人知的契機。

另一方面，維也納有種名字叫做樞機卿（Kardinalschnitten），由兩種顏色的麵團交織而成的甜點，並不是蛋糕，而是把蛋白霜脆餅（→P.128）與餅乾做成黃色與白色交錯的甜點，看起來大同小異。維也納甜點的發展史與巴騰堡家息息相關，該家族是過去包含德國在內，在整個歐洲建立起巨大帝國的王家。大概是因為這樣，也對英國造成了影響。

巴騰堡蛋糕（1條份※使用2個12×21.5cm的磅蛋糕模型）

〈基本的配方〉麵粉：奶油：砂糖：蛋＝1：1：1：1
＋紅色食用色素＋杏桃果醬＋杏仁糖膏

材料
低筋麵粉 …… 175g
泡打粉 …… 1又1/2小茶匙
奶油 …… 150g
砂糖 …… 150g
蛋 …… 3個
牛奶 …… 2～3大茶匙
香草精 …… 2～3滴
紅色食用色素 …… 1/8小茶匙
杏桃果醬 …… 2大茶匙
杏仁糖膏 …… 200g
糖粉 …… 適量

作法
1 將奶油置於室溫中，放軟備用。把奶油（分量另計）塗抹在模型裡，鋪上烘焙紙。將烤箱預熱至180度。
2 低筋麵粉和泡打粉混合並過篩。把蛋打散備用。
3 把奶油放進調理碗，攪散到呈現柔滑細緻的乳霜狀。加入砂糖，混合攪拌均勻。再加入一點已過篩的粉類，稍微攪拌一下。分3次加入蛋液，攪拌均勻。再加入剩下的已過篩粉類，攪拌均勻。加入牛奶和香草精，攪拌均勻。
4 把一半的麵糊倒進模型裡，將表面抹平。再把紅色食用色素加到剩下的麵糊裡，攪拌均勻，倒進另一個模型，將表面抹平。
5 以180度的烤箱烤30分鐘。
6 把2條蛋糕烤好後，各自切成3cm見方×20cm的長條狀。
7 把糖粉撒在作業台上，放上杏仁糖膏，擀成2mm厚、20×30cm以上的長方形。
8 將6的蛋糕疊成2×2的四宮格形狀，用杏仁糖膏捲起來，切除多餘的部分。
9 取出蛋糕，四面都塗上杏桃果醬，再放回杏仁糖膏裡，擺成顏色相間的格子狀。
10 用杏仁糖膏把蛋糕密密實實地包起來，切除多餘的部分。

餅乾
BISCUITS
別名：餅乾／Cookies

英國人日常生活中不可或缺的甜點

● 分類：烘焙點心　● 享用場合：下午茶　● 成分：麵粉＋奶油＋砂糖＋蛋

餅乾是英國具有代表性的甜點。它不只是一種甜點，說是生活必需品也不為過。每個家庭都會隨時準備好餅乾，去別人家玩的時候，當主人端出紅茶或咖啡來待客時，也一定會出現餅乾，這就是最好的證明。

在日本，稱這種餅乾為Cookies或許還比較多人知道。Biscuits與Cookies這兩種說法在日本都說得通，但其實還是有些許的差別。根據昭和46年（1971）頒布的公正競爭協定，Cookies指的是糖分及奶油等脂肪含量加起來占總量的40%以上，外觀看起來比較像是手工製作的餅乾，Biscuits則是指除此之外的餅乾。簡而言之，Cookies比起Biscuits高級一點。

這是日本獨特的分類方式，Biscuits與Cookies本質上是一樣的東西，只是名稱依國家而異，唯獨日本混為一談。英國稱為Biscuits，美國稱為Cookies。至於同樣採取

「Biscuits」這種拼音的法國，則是指口感比較清爽的手指餅乾。在各種法國甜點中，其實是sablé比較接近Biscuits或Cookies。至於sablé的定義則是指奶油風味濃郁的餅乾。

餅乾的語源來自意味著重複烤2次的「biscoctus」，把烘烤2次的乾燥食物當成航海中的糧食，大量帶到船上，亦即所謂的保存用食品。從現代的感覺來說，比起烘焙點心的餅乾，更像是硬麵包。

目前世人認知裡的餅乾在1600年前後出現其雛型，據說是從法國傳到英國。當時這種餅乾用的不是全蛋，而是蛋白，所以口感很清爽。後來，餅乾一點一滴地持續變化，逐漸變成今天的樣子。隨著生產機器日新月異，可以大量生產後，也對餅乾的普及提供很大的幫助。

雖然都稱為餅乾，其實有琳琅滿目的變

原味餅乾 （直徑5cm的菊花形狀30片份）

〈基本的配方〉麵粉：奶油：砂糖：蛋＝6：3：3：2

材料
低筋麵粉 …… 225g
奶油 …… 80g
砂糖 …… 80g
蛋 …… 1個

作法
1 將奶油置於室溫中，放軟備用。
2 為低筋麵粉過篩。把蛋打散備用。
3 把奶油放進調理碗，攪散到呈現柔滑細緻的乳霜狀。加入砂糖，混合攪拌均勻。分3次加入蛋液，攪拌均勻。再加入過篩的低筋麵粉，攪拌均勻，把麵糊撥成一團。
4 把麵團放進冰箱裡，冷藏30分鐘以上。把烘焙紙鋪在烤盤上。將烤箱預熱至180度。
5 把麵團擀成5mm厚，用直徑5cm的餅乾模型切壓出形狀，並排在烤盤上，以180度的烤箱烤15分鐘。

用來保存餅乾的罐
子也是很受歡迎的
禮物。

化。像是把燕麥片加到材料裡、混入果乾或堅果，形狀除了圓形或菊花形狀以外，也有正方形、長方形、動物或心形等等。也可以把果醬夾在餅乾裡，或是裹上一層巧克力。

其種類之豐富，只要去趟英國的超市就能有相當程度的了解。不管去到哪一家超級市場，都能看到一大片的餅乾貨架，架上有各式各樣的廠牌及種類，販賣著許許多多的餅乾，說是令人眼花撩亂也不為過。每一種都買來吃吃看，找出自己喜歡的口味也別有一番樂趣。

話說回來，美國所謂的餅乾Cookies來自於荷蘭語的「koekje」，是「小蛋糕」的意思。所以餅乾顯然是從荷蘭移民到美國的人帶過去的，而且沒多久就改稱為Cookies。

英國也經常會用Cookies來指稱餅乾。一般來說，英國人比較常用Biscuits來指稱餅乾，堅持要這麼叫的人也所在多有。不過，也有不少人刻意用Cookies來指稱比較大塊的餅乾或裡頭有巧克力豆這種充滿美式風味的餅乾。

英國販賣著各式各
樣的餅乾，右圖只
是一小部分。

果醬餅乾
JAMMY BISCUITS

夾入果醬
大家熟悉的餅乾

●分類：餅乾　●享用場合：下午茶
●成分：麵粉＋奶油＋砂糖＋果醬

　　夾入果醬的餅乾。本書的作法是藉由加入杏仁粉，製造出酥酥脆脆的口感。英國市售的餅乾裡，有一款叫做「Jammy Dodgers」的果醬餅乾，作法是把果醬夾在奶油酥餅（→P.166）裡，上面的餅乾則會挖空成心形。非常受歡迎，一提到果醬餅乾，幾乎所有英國人都會想到這款「Jammy Dodgers」。

果醬餅乾
（直徑4cm的圓形餅乾30片份）

材料
低筋麵粉 …… 200g
杏仁粉 …… 25g
奶油 …… 150g
砂糖 …… 60g
覆盆子果醬 …… 適量（1片餅乾對1/4小茶匙）

作法
1　將奶油置於室溫中，放軟備用。
2　將低筋麵粉與杏仁粉混合攪拌均勻，過篩備用。
3　把奶油放進調理碗，攪散到呈現柔滑細緻的乳霜狀。加入砂糖，混合攪拌均勻。再加入過篩的粉類，攪拌均勻，把麵糊撥成一團。
4　把麵團放進冰箱裡，冷藏30分鐘以上。把烘焙紙鋪在烤盤上。將烤箱預熱至180度。
5　把麵團擀成2mm厚，用直徑4cm的圓形餅乾模切壓出形狀，再用直徑1.8cm的圓形餅乾模為其中一半打洞，做成甜甜圈的形狀。
6　並排在烤盤上，以180度的烤箱烤8分鐘。
7　把餅乾拿出來，將1/4小茶匙的覆盆子果醬一一放在沒有打洞的圓形餅乾中央，蓋上打洞的餅乾。
8　放回烤箱，再烤2分鐘。

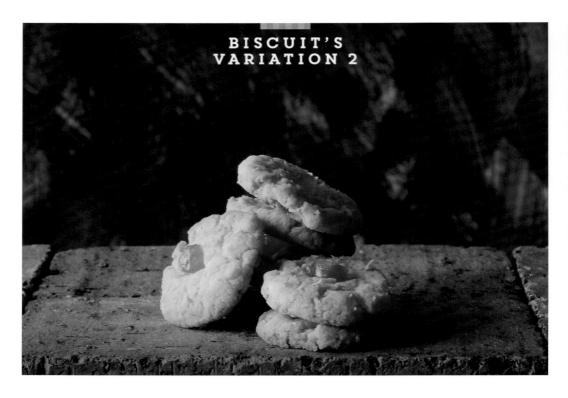

BISCUIT'S
VARIATION 2

雪球餅乾
MELTING MOMENTS

放進嘴巴的瞬間
立刻化開的美味

●分類：餅乾　●享用場合：下午茶
●成分：麵粉＋奶油＋砂糖＋蛋＋燕麥片＋糖漬櫻桃

　　直譯的話是「融化的瞬間」。餅如其名，放進嘴巴裡就會鬆鬆地化開，因此得名。雪球餅乾的特徵是撒上燕麥片，再放顆糖漬櫻桃做裝飾，具有懷舊的風情，是一款會讓人想要專心享用的餅乾。做好以後請在兩、三天內吃掉。

雪球餅乾
（24個份）

材料
低筋麵粉 ⋯⋯ 150g
泡打粉 ⋯⋯ 1小茶匙
奶油 ⋯⋯ 100g
砂糖 ⋯⋯ 75g
蛋黃 ⋯⋯ 1個份
香草精 ⋯⋯ 2～3滴
燕麥片 ⋯⋯ 10g
糖漬櫻桃 ⋯⋯ 6顆

作法
1　將奶油置於室溫中，放軟備用。把烘焙紙鋪在烤盤上。將烤箱預熱至180度。
2　將低筋麵粉與泡打粉混合攪拌均勻，過篩備用。把糖漬櫻桃切成4等分。
3　把奶油放進調理碗，攪散到呈現柔滑細緻的乳霜狀。加入砂糖，混合攪拌均勻。加入蛋黃，攪拌均勻。再加入過篩的粉類、香草精，攪拌均勻，把麵糊撥成一團。
4　把麵團分成24等分，捏成圓形，撒上燕麥片，並排在烤盤上。稍微用點力將糖漬櫻桃押進麵團的中央。
5　以180度的烤箱烤10～15分鐘。

造型餅乾
PIPED BISCUITS

輕盈的口感
是其特色

●分類：餅乾　●享用場合：下午茶
●成分：麵粉＋油脂＋砂糖

　　用擠花袋製作，口感十分輕盈的餅乾。依
照本書的作法，為了做成入口即化的質地，
在麵粉裡加入玉米澱粉，砂糖用的是細砂
糖，油脂用的是人造奶油。這種用擠花袋擠
成長條形或漩渦狀來烤，再夾入果醬和奶油
糖霜的餅乾稱為「維也納迴旋餅／Viennese
Whirls」。「Viennese」是維也納的意思。
據說是受到維也納甜點的影響才開始製作
的，但是真是假至今仍是個謎團。

造型餅乾
（烤盤2盤份）

材料
低筋麵粉 …… 75g
玉米澱粉 …… 25g
人造奶油 …… 120g
糖粉 …… 20g
香草精 …… 2～3滴

作法
1　把烘焙紙鋪在烤盤上。將烤箱預熱至190
　　度。
2　為糖粉過篩。再將低筋麵粉與玉米澱粉混合
　　並過篩備用。
3　把人造奶油放進調理碗，攪散到呈現柔滑細
　　緻的乳霜狀。加入糖粉，攪拌均勻。再加入
　　過篩的粉類和香草精，攪拌均勻。
4　把麵糊倒進前端為星型開口的擠花袋裡，擠
　　在烤盤上。
5　以190度的烤箱烤8～10分鐘。

叉子杏仁餅
ALMOND FORK BISCUITS

用叉子壓出紋路再烘烤

▪▪▪▪▪▪▪▪▪▪▪▪▪▪▪▪▪▪▪▪▪▪▪

- ●分類：餅乾　●享用場合：下午茶
- ●成分：麵粉＋奶油＋砂糖＋杏仁片

　　不需要用模型壓出形狀或整形，初學者或小朋友都能輕鬆完成的餅乾。名稱裡有叉子二字，是因為要用叉子在捏成圓形的麵團上邊壓出格子花紋，邊把表面壓平。這裡撒上了杏仁片，也可以改用杏仁粒，如果什麼都沒有，也可以不做任何裝飾，直接烘烤。

叉子杏仁餅（16個份）

〈基本的配方〉麵粉：砂糖：奶油＝
3：2：1＋杏仁片

材料

低筋麵粉 …… 150g
泡打粉 …… 1又1/2小茶匙
奶油 …… 80g
砂糖 …… 40g
香草精 …… 2～3滴
杏仁片 ……10g

作法

1　將奶油置於室溫中，放軟備用。把烘焙紙鋪在烤盤上。將烤箱預熱至180度。

2　將低筋麵粉與泡打粉混合攪拌均勻，過篩備用。

3　把奶油放進調理碗，攪散到呈現柔滑細緻的乳霜狀。加入砂糖，混合攪拌均勻。再加入過篩的粉類和香草精，攪拌均勻，把麵糊撥成一團。

4　把麵團分成16等分，捏成圓形，並排在烤盤上。

5　邊用叉子按壓出格子花紋，邊把表面壓平，將杏仁片撒在表面上。

6　以180度的烤箱烤15～20分鐘。

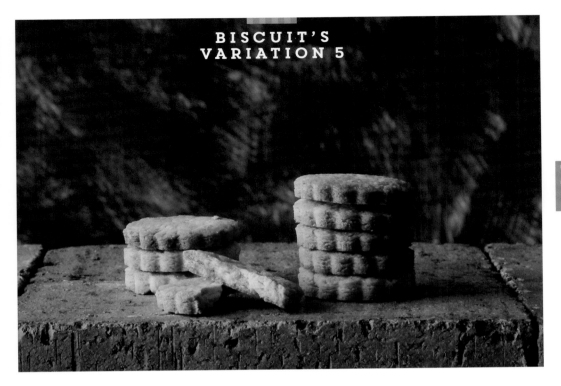

BISCUIT'S
VARIATION 5

舒茲柏利薄餅
SHREWSBURY BISCUITS
別名：舒茲柏利蛋糕／Shrewsbury Cakes

烤得略硬的餅乾
檸檬的風味十分清爽

● 分類：餅乾　● 享用場合：下午茶、飯後甜點
● 地區：英格蘭・施洛普郡・舒茲柏利
● 成分：麵粉＋奶油＋砂糖＋蛋＋檸檬皮

　　傳統餅乾的一種。烤得稍微硬一點，咬下去脆脆的口感很迷人。顧名思義，是17世紀誕生於位在英格蘭中西部施洛普郡的舒茲柏利。加入了磨碎的檸檬皮，具有清淡爽口的風味。也有人會加入葛縷子、無子小葡萄乾或葡萄乾。雖是不折不扣誕生於英國的餅乾，但如今在印度遠比在英國更受歡迎。

舒茲柏利薄餅
（直徑5cm的菊花形狀30片份）

材料
低筋麵粉 …… 225g
奶油 …… 90g
砂糖 …… 115g
蛋黃 …… 2個份
檸檬皮 …… 1個份

作法
1 將奶油置於室溫中，放軟備用。把烘焙紙鋪在烤盤上。將烤箱預熱至180度。
2 為低筋麵粉過篩。把檸檬皮磨碎。
3 把奶油放進調理碗，攪散到呈現柔滑細緻的乳霜狀。加入砂糖，混合攪拌均勻。一次一個加入蛋黃，攪拌均勻。再加入過篩的低筋麵粉與磨碎的檸檬皮，攪拌均勻，把麵糊撥成一團。
4 把麵團擀成5mm厚，用直徑5cm的餅乾模型切壓出形狀。
5 並排在烤盤上，以180度的烤箱烤15分鐘。

澳紐軍團餅乾
ANZAC BISCUITS

營養價值極高
也很方便攜帶

●分類：餅乾　●享用場合：下午茶、可攜帶食品
●成分：麵粉＋奶油＋砂糖＋燕麥片＋椰子絲＋轉化糖漿

　　前往澳洲及紐西蘭的時候，都會在各個角落看到來自英國的影響，甜點也不例外。同時這些國家的東西也會傳入英國，變成家喻戶曉的存在，澳紐軍團餅乾便是其中之一。「Anzac」是「Australian and New Zealand Army Corps」的縮寫，為第一次世界大戰時遠赴戰地的澳紐軍團所製作的餅乾是一切的開始。使用了燕麥片、椰子絲是其特徵。

澳紐軍團餅乾
（8片份）

材料

低筋麵粉 …… 50g
泡打粉 …… 1/2小茶匙
燕麥片 …… 40g
椰子絲 …… 40g
砂糖 …… 40g
奶油 …… 40g
蜂蜜 …… 1/2大茶匙

作法

1 把烘焙紙鋪在烤盤上。將烤箱預熱至180度。
2 稍微把椰子絲切一下，放進調理碗。
3 將低筋麵粉與泡打粉混合並過篩，加到2裡。再加入燕麥片和砂糖，攪拌均勻。
4 讓奶油融解，加入蜂蜜攪拌均勻。再加到3裡，把麵糊撥成一團。
5 將麵團分成8等分，稍微把表面抹平，放在烤盤上。
6 以180度的烤箱烤8～10分鐘。
※原本使用轉化糖漿，但是在日本不容易買到，所以改用蜂蜜代替。

BISCUIT'S
VARIATION 7

復活節餅乾
EASTER BISCUITS

別名：復活節蛋糕／Easter Cakes

表面的砂糖
酥脆可口又香氣四溢

● 分類：餅乾 ● 享用場合：慶祝用甜點、下午茶
● 地區：英格蘭西部
● 成分：麵粉＋奶油＋砂糖＋蛋＋果乾＋香料

　　復活節吃的餅乾。具有比普通餅乾更柔軟的口感。傳統的復活節餅乾會做成直徑10cm左右，比一般的餅乾還要來得大一點，也有人會用桂皮油來做。據說誕生於英格蘭西部，時至今日，因為資訊發達，知道的人愈來愈多，但是在稍早之前還不是全英國都知道的甜點。

復活節餅乾
（直徑5cm的菊花形狀30片份）

材料
低筋麵粉 ⋯⋯ 225g
泡打粉 ⋯⋯ 2小茶匙
奶油 ⋯⋯ 85g
砂糖 ⋯⋯ 70g＋適量、蛋 ⋯⋯ 1個
葡萄乾 ⋯⋯ 50g、綜合水果皮 ⋯⋯ 1大茶匙
牙買加胡椒、肉桂、肉荳蔻（混合）⋯⋯ 1/2小茶匙
牛奶 ⋯⋯ 1～2大茶匙、蛋白 ⋯⋯ 1個份

作法
1 將奶油置於室溫中，放軟備用。把烘焙紙鋪在烤盤上。將烤箱預熱至200度。
2 將低筋麵粉與泡打粉混合攪拌均勻，過篩備用。把蛋打散備用。再將各種香料混合攪拌均勻。把葡萄乾和綜合水果皮稍微切一下。
3 把奶油放進調理碗，攪散到呈現柔滑細緻的乳霜狀。加入70g砂糖，攪拌均勻。分3次加入蛋液，攪拌均勻。再加入過篩的粉類、各種香料、葡萄乾和綜合水果皮，攪拌均勻。最後再加入牛奶，把麵糊撥成一團。
4 把麵團擀成5mm厚，用直徑5cm的餅乾模型切壓出形狀，並排在烤盤上，用叉子在表面輕輕地戳洞，以180度的烤箱烤10分鐘。
5 取出餅乾，將打散的蛋白塗在表面，撒上砂糖，再放回烤箱裡，繼續烤5分鐘。

白蘭地小脆餅

原本是慶典用的甜點

●分類：砂糖點心　●享用場合：慶祝用甜點、零食　●地區：英格蘭‧赫里福德郡
●成分：麵粉＋奶油＋砂糖＋轉化糖漿

作為酬神物的一種，在英國打開知名度的甜點。「酬神物」的原文是fairing，指的是會出現在祭典或季節市集（fair）上的食物，於20世紀初期開始出現。提到這種在慶典上可以看到的甜點，大家通常會想到蘋果糖吧。時至今日，那種慶典本身已經愈來愈少見，於是這種甜點也開始讓人懷疑，平常還會有人吃嗎？儘管如此，白蘭地小脆餅依舊是英國人十分熟悉的甜點，這點是無庸置疑的。

白蘭地小脆餅直譯是「加了白蘭地的酥脆餅乾」。實際上也經常可以看到為添加風味而加入白蘭地的作法，但是原本似乎是沒有加入白蘭地。之所以這麼說，因為白蘭地小脆餅最原始的名稱是「branded」而非「brandy」。「branded」指的是「burned」，也就是「烘烤」的意思。換言之，白蘭地小脆餅的意思其實是「烤得酥酥脆脆的餅乾」，而白蘭地小脆餅也的確呈現出烤得很漂亮的咖啡色。

材料為麵粉、奶油、砂糖、相當於蜂蜜的轉化糖漿（→P.221）以及用來增添風味的乾薑粉。有些作法還會加入白蘭地或檸檬汁。目前的主流是麵粉、奶油、砂糖的分量相等，或者是以此為基礎再加以變化，但原本奶油的比例會多一點。而且吃的時候一定會塞滿發泡鮮奶油。也可以用冰淇淋來代替發泡鮮奶油。

其捲起來的外觀會讓人聯想到雪茄餅乾（一種法國的餅乾）或奶油甜餡煎餅卷（cannolo／cannoli）（加入了大量的奶油，起源自義大利西西里地區的油炸點心，具有酥酥脆脆的口感，也在電影《教父》裡出現過），但味道不一樣，白蘭地小脆餅因為有一層風味十足、香氣四溢的焦糖，口感十分輕盈酥脆。除了捲成雪茄形狀以外，也有做成籃子形狀的白蘭地小脆餅，被稱為白蘭地籃子小脆餅。

白蘭地小脆餅 (12個份)

〈基本的配方〉麵粉：奶油：砂糖：轉化糖漿＝1：1：1：1

材料
低筋麵粉 …… 50g
奶油 …… 50g
三溫糖 …… 50g
蜂蜜 …… 50g
乾薑粉 …… 1/2小茶匙
檸檬汁 …… 1/2小茶匙

作法
1. 把烘焙紙鋪在烤盤上。將烤箱預熱至180度。
2. 為低筋麵粉過篩。
3. 把奶油、三溫糖、蜂蜜、乾薑粉倒進鍋子裡，開小火加熱。等到奶油融化後，關火，加入過篩的低筋麵粉，攪拌均勻。再加入檸檬汁，攪拌均勻。
4. 用小茶匙舀起尖尖一匙的3放在烤盤上，用湯匙的背面壓平成直徑7cm左右，以180度的烤箱烤8分鐘。
5. 稍微冷卻之後，再用直徑1～1.5cm的擀麵棍捲起來塑形。
※原本使用轉化糖漿，但是在日本不容易買到，所以改用蜂蜜代替。

奶油麵包布丁
BREAD AND BUTTER PUDDING

英國版的「麵包布丁」

●分類：布丁　●享用場合：飯後甜點　●成分：麵包＋奶油＋牛奶＋蛋＋砂糖

有人很懷念小時候的甜美回憶，有人則是對營養午餐沒留下什麼太快樂的印象，但無論如何，奶油麵包布丁肯定都是英國人從小吃到大的飯後甜點。把塗上奶油的麵包浸泡在牛奶與打散的蛋液裡，用烤箱烤來吃。通常都會加入砂糖做成甜口味，有的是事後再撒上砂糖，有的是把砂糖加到混合攪拌均勻的牛奶與打散的蛋液裡，作法因人而異。此外，標準作法還會再加入果乾，使用的是葡萄或無子小葡萄乾。利用香草或肉荳蔻、柳橙或檸檬、蘭姆酒等增添風味也是很常見的作法。

英國有很多用麵包粉做成的甜點，例如糖蜜餡塔（→P.200）或麵包粉的冰淇淋（→P.113）等等。這大概是以前保存或保管不像現在這麼發達的時代，為了不要浪費食物而下的工夫。隨著時間經過，麵包會變得愈來愈硬，於是奶油麵包布丁採取把麵包浸泡在液體裡，使其變軟來吃的手法。

奶油麵包布丁的記載最早出現在18世紀前半的文獻裡，所以至少是從那個時候就受到民眾喜愛的甜點，如今則如前所述，會出現在學校的營養午餐或家庭的餐桌上，另外還有餐廳的菜單裡。一般家庭都是裝在大一點的耐熱容器裡，全家分享著吃，有些餐廳會事先做成一人一份的分量，外觀給人的感覺也各有巧妙不同。

原本是利用剩食的概念，所以用來製作奶油麵包布丁的麵包通常是不新鮮的吐司。不過也有用新鮮吐司製作的流派。此外，也有用布里歐或可頌麵包製作的奶油麵包布丁。

奶油麵包布丁（4人份）

材料
吐司（一條切成6片）…… 3片
奶油 …… 20g
牛奶 …… 200ml
蛋 …… 1個
砂糖 …… 1又1/2大茶匙
葡萄乾 …… 20g

作法
1 將奶油（分量另計）塗在耐熱器皿裡。
2 把蛋打散，與牛奶混合攪拌均勻。
3 將奶油塗抹在吐司的其中一面，沿著對角線切成4等分。
4 把吐司並排在 1 的耐熱器皿裡，撒上砂糖，再放上葡萄乾。
5 邊過濾邊把 2 倒進去，靜置30分鐘。將烤箱預熱至180度。
6 以180度的烤箱烤30分鐘。

布朗尼

BROWNIES

咖啡廳的招牌甜點

●分類：烘焙點心　●享用場合：下午茶、可攜帶食品　●成分：麵粉＋油脂＋砂糖＋蛋＋巧克力

　　紅茶之國是英國給人的強烈印象。事實上，英國人的確很愛喝紅茶，但咖啡廳也不少。大概是從1990年代開始吧，以來自美國西雅圖的國際化連鎖店為首，洋溢著義大利風情的店、英國自己的品牌、個人經營，充滿講究的店等等，全都成了英國街道上的風景，而且咖啡廳的類型也琳琅滿目。

　　布朗尼是上述咖啡廳不可或缺的甜點。布朗尼的深咖啡色是其名稱的由來。布朗尼的定義是巧克力口味的小塊蛋糕，為足以代表美國的甜點之一。口感介於餅乾（→P.24）與蛋糕之間。通常切成四角形上桌，不使用餐具，而是直接用手拿起來吃。

　　19世紀登陸美國，自1890年代以後才出現在文獻裡。然而，當時的布朗尼與今天的布朗尼長得不太一樣，今天這種布朗尼是從20世紀初期才開始出現在食譜裡。

　　關於布朗尼的起源眾說紛紜，最有力的說法是布朗尼源自美國，也有一說直指這是英國自古以來就有的甜點，取名自蘇格蘭傳說中的妖精布朗尼（Brownie）。上述妖精的語源也是意味著咖啡色的brown。因為妖精穿著咖啡色的衣服，所以才以此為名。

布朗尼是咖啡廳的招牌甜點。有些布朗尼對材料及擺盤都非常講究。

布朗尼（26.5×26.5cm的烤盤1盤份）

材料

低筋麵粉 …… 170g
泡打粉 …… 1小茶匙
人造奶油 …… 180g
砂糖 …… 300g
蛋 …… 4個
黑巧克力 …… 110g
核桃 …… 100g
黃柑橘香甜酒 …… 1大茶匙

作法

1 把奶油（分量另計）塗在模型裡，鋪上烘焙紙。將烤箱預熱至160度。把水倒進鍋子裡，開火。

2 稍微把核桃剁碎。將低筋麵粉與泡打粉混合並過篩。把蛋打散備用。

3 將人造奶油、黑巧克力掰開放進調理碗，放在1的鍋子裡隔水加熱。融化以後再加入砂糖，充分攪拌均勻。

4 加入蛋、核桃、黃柑橘香甜酒攪拌均勻，再加入過篩的粉類，混合攪拌均勻。

5 把麵糊倒入模型，將表面抹平，以160度的烤箱烤50分鐘。

6 放涼以後脫模，切成適當的大小。

焦糖烤布蕾
BURNT CREAM

別名：劍橋焦糖奶油布丁／Cambridge Burnt Cream、三一布丁／Trinity Cream

歷史悠久，日本人也很熟悉的一款甜點

●分類：用蒸的點心　●享用場合：飯後甜點　●地區：英格蘭・劍橋　●成分：蛋黃＋鮮奶油＋牛奶＋砂糖

　　焦糖烤布蕾的法文是Crème brûlée。沒錯，這道甜點就連日本人也很熟悉。這款甜點翻成日文就是「烤焦奶油」的意思，或許會讓人覺得有點意外，但是在英國算是歷史悠久的甜點之一。

　　這道甜點是從劍橋大學的三一學院開始普及的，因此焦糖烤布蕾又叫「劍橋焦糖奶油布丁」或「三一布丁」。

　　關於起源還沒有一個明確的說法，但是到了18世紀就已經從法國傳到英國，還有一說是更早就已經問世了。也有人認為劍橋製作的焦糖烤布蕾是英國自創的，但是這個說法尚無足以佐證的決定性證據。

　　也有人認為焦糖烤布蕾來自西班牙。此一說是以西班牙東北部的加泰隆尼亞家常甜點——加泰隆尼亞焦糖布丁（Crema catalana）為起源。這款甜點在17世紀以前已經有了。只是，考慮到英國與歐洲大陸的歷史淵源，從法國傳到英國的說法比較可靠。順帶一提，這道甜點大約在17世紀的時候開始出現在法國的食譜上。

　　到了19世紀，焦糖烤布蕾已經是家喻戶曉的劍橋特產，目前在劍橋大學的三一學院也還可以吃到，如同三不五時就會出現內層十分講究的新型焦糖烤布蕾，或許在不久的將來，「新型焦糖烤布蕾」那種新風貌的產品可能就會席捲全世界。

焦糖烤布蕾（3人份）

材料

蛋黃 …… 2個份
鮮奶油 …… 200ml
牛奶 …… 50ml
砂糖 …… 20g＋1又1/2小茶匙
香草精 …… 2～3滴

作法

1　將烤箱預熱至150度。
2　將鮮奶油和牛奶倒進鍋子裡加熱（不要煮到沸騰）。
3　將蛋黃和砂糖放入調理碗中，充分攪拌均勻。邊攪拌邊一點一點地把2加進去。再加入香草精，過濾。
4　將水注入烤盤至2cm左右高，把過濾好的3倒進容器裡，放在烤盤上。
5　以150度的烤箱蒸烤30分鐘。
6　從烤箱裡拿出來放涼後，再放進冰箱冷藏2～3小時。
7　將烤箱預熱至240度。
8　分次取1/2小茶匙的砂糖，均勻地撒在6的表面上。
9　放進240度的烤箱烤15分鐘，直到表面焦糖化。

胡蘿蔔蛋糕
CARROT CAKE

胡蘿蔔的天然甘甜吃起來很舒服

●分類：蛋糕　●享用場合：下午茶　●成分：加入胡蘿蔔的蛋糕＋糖霜

　　這是足以代表英國下午茶點心的蛋糕之一，在英國的蛋糕店或英式茶館也常看到。每次進行甜點排行榜的問卷調查都會名列前茅。胡蘿蔔是其主要的材料。英國的胡蘿蔔與日本的胡蘿蔔味道略有不同，英國的胡蘿蔔比較甜，味道有點像柿子。

　　英國市面上流通、消費的根莖類蔬菜的種類比日本豐富，除了胡蘿蔔以外，還有蒲芹蘿蔔（長得很像紅蘿蔔，有白色主根的芹科蔬菜）及甜菜（英文名稱為beetroot）等等。這些蔬菜都有獨特的甘甜風味，與胡蘿蔔一樣，據說從18世紀就被當成甜點的材料使用。

　　第二次世界大戰時，曾經利用胡蘿蔔的甜味代替砂糖，因此經常製作胡蘿蔔蛋糕，

這點也對胡蘿蔔蛋糕的普及造成相當大的貢獻。從此以後，胡蘿蔔蛋糕就成為英國人生活中的蛋糕之一。

　　胡蘿蔔蛋糕是很容易看出製作者個性的一種蛋糕。從香料的使用方法到柳橙的運用技巧、加不加果乾或堅果、再到糖霜的作法，可以千變萬化。比較、品嚐每家店的差異也別有一番樂趣。

胡蘿蔔蛋糕的滋味
及外觀因店而異。
右圖是把糖霜也夾
進夾層裡的胡蘿蔔
蛋糕。

胡蘿蔔蛋糕（直徑18cm的圓型烤模1個份）

材料
低筋麵粉 …… 200g
泡打粉 …… 2小茶匙
沙拉油 …… 100ml
三溫糖 …… 150g
蛋 …… 2個
胡蘿蔔 …… 200g
柳橙皮（已磨碎）…… 1個份
柳橙汁 …… 1大茶匙
肉桂 …… 1小茶匙
肉荳蔻 …… 1/2小茶匙
糖霜
　　奶油起司 …… 100g
　　糖粉 …… 25g

作法
1　讓奶油起司置於室溫中，放軟備用。把奶油（分量另計）塗抹在模型裡，鋪上烘焙紙。將烤箱預熱至180度。
2　將低筋麵粉和泡打粉、肉桂、肉荳蔻混合並過篩。柳橙削皮，對半切開，擠出果汁。胡蘿蔔削皮，用食物處理機打碎。
3　把沙拉油、三溫糖、蛋放進調理碗，用手持式攪拌器整個徹底地攪拌到泛白。再加入過篩的粉類、磨碎的柳橙皮、柳橙汁、胡蘿蔔，混合攪拌均勻。
4　把麵糊倒入模型，以180度的烤箱烤50分鐘。
5　製作糖霜。把奶油起司和糖粉放進調理碗中，徹底地攪拌到變得柔滑細緻為止。
6　將糖霜塗抹在蛋糕上。

起司蛋糕

使用了大量的乳製品，風味濃郁

●分類：起司蛋糕 ●享用場合：飯後甜點 ●成分：蛋糕體＋起司夾心

一提到起司蛋糕，腦海中就會浮現美國的紐約，這是因為起司蛋糕是由來自東歐的移民製作，大受歡迎，進而推廣到全世界。

追溯起司蛋糕的歷史，可以回溯到古希臘。西元前776年舉辦奧運的時候，據說就已經有起司蛋糕了。然後經由羅馬人的推波助瀾，讓起司蛋糕普及到整個歐洲。基於這樣的緣由，歐洲各個國家、乃至於各個地區皆有著各式各樣的起司蛋糕，英國也不例外。以英國為例，英格蘭西南部的康沃爾郡及德文郡皆為酪農地帶，本來就有很多使用乳製品的甜點。話說回來，誕生於蘇格蘭的司康（→P.158）之所以會成為英格蘭西南部茶館的招牌甜點，就是因為製作司康（→P.158）需要凝脂奶油，這是酪農盛行所引發的現象。

要把這些全部定義為英國的起司蛋糕其實有點困難，硬要說的話，大概只有底座都用上了消化餅乾這個共通點吧。另外還有會再抹上起司夾心這點。最後通常會放上櫻桃等糖煮水果（→P.66）做裝飾。在蘇格蘭似乎還有用煙燻鮭魚做成不甜的起司蛋糕。

起司蛋糕大致可以分成放進冰箱裡冷藏凝固的冷藏式起司蛋糕和用烤箱烘烤的熱烤式起司蛋糕。冷藏式起司蛋糕除了用吉利丁凝固以外，也有利用奶油的凝固性製成或加入發泡鮮奶油的種類。還有在材料裡加入水果、太妃糖或巧克力的作法，非常富有變化性。

康沃爾起司蛋糕（直徑18cm的圓型烤模1個份）

材料

奶油起司 …… 400g
奶油 …… 50g
砂糖 …… 100g
蛋 …… 2個
低筋麵粉 …… 35g
泡打粉 …… 1/2小茶匙
鮮奶油 …… 50ml
檸檬汁 …… 2小茶匙
香草精 …… 2～3滴
蛋糕體
　消化餅乾 …… 100g
　奶油 …… 50g

作法

1 讓奶油起司置於室溫中，放軟備用。把奶油（分量另計）塗抹在模型裡。
2 製作蛋糕體。把消化餅乾拍碎。將奶油放進鍋子裡，開小火，使奶油融化，再加入拍碎的消化餅乾，混合攪拌均勻。
3 把2確實地鋪滿在模型裡，將表面抹平。
4 把3放進冰箱，冷藏20分鐘以上。將烤箱預熱至180度。
5 將低筋麵粉和泡打粉混合並過篩。把蛋打散備用。
6 把奶油放進調理碗，攪散到呈現柔滑細緻的乳霜狀。加入砂糖，混合攪拌均勻。再分2～3次加入蛋液，攪拌均勻。
7 把奶油起司放進另一個調理碗，攪散到呈現柔滑細緻的乳霜狀。
8 把6加到7裡，混合攪拌均勻。再加入過篩的粉類，攪拌均勻。加入鮮奶油、檸檬汁、香草精，攪拌均勻。
9 把8加到4裡，將表面抹平，以180度的烤箱烤1小時。

雀兒喜麵包
CHELSEA BUNS

由貴族打響知名度的麵包甜點

●分類：發酵點心　●享用場合：下午茶　●地區：英格蘭‧倫敦‧雀兒喜
●成分：發酵麵團＋香料＋果乾

　　顧名思義，這是一款誕生於倫敦雀兒喜的麵包甜點。雀兒喜林立著走在流行尖端的服飾店及時尚的餐廳，以日本東京為例的話，相當於青山或代官山的感覺，是很時髦的地區。

　　雀兒喜麵包最早出現在18世紀初期，由上述雀兒喜地區一家名叫「Chelsea Buns House」的店開始販賣。這是一家非常有名的店，顧客多為貴族，就連喬治二世、喬治三世都很中意，因此「Chelsea Buns House」又稱為「Royal Buns House」。

他們也是雀兒喜麵包廣受世人喜愛的最大推手。

　　以酵母發酵製成的雀兒喜麵包是一款加入果乾，香料的風味也很迷人的麵包甜點。說穿了就是裡頭有葡萄乾的肉桂卷。位於倫敦的「Chelsea Buns House」在1893年結束營業，但目前那個場所依舊以「Bunhouse Place」為名。而且雀兒喜麵包的傳統也還存在於英國人的生活中。不久之前還經常出現在學校的營養午餐裡，如今在超級市場及麵包店也能輕易買到。

雀兒喜麵包（直徑18cm的圓型烤模1個份）

材料

高筋麵粉 …… 225g
速發乾酵母 …… 1/4大茶匙
　（略少於1小茶匙）
鹽 …… 1/2小茶匙
三溫糖 …… 1大茶匙
奶油 …… 25g
蛋 …… 1個
牛奶 …… 100ml
蜂蜜 …… 適量
夾心
　奶油 …… 40g
　三溫糖 …… 40g
　果乾（由葡萄乾、淡黃色無子
　葡萄乾、無子小葡萄乾、
　綜合水果皮等混合成）
　…… 75g
　肉桂 …… 1/4小茶匙
　肉荳蔻 …… 1/4小茶匙

作法

1　將夾心用的奶油置於室溫中，放軟備用。把奶油（分量另計）塗抹在調理碗裡。將高筋麵粉和鹽混合並過篩。將速發乾酵母和三溫糖混合攪拌均勻。把奶油切成適當的大小。把蛋打散備用。將牛奶加熱到接近人體皮膚溫度。

2　把1的粉類和奶油放進食物處理機，打碎到變成疏鬆的粉狀。

3　移到調理碗中，加入混合攪拌均勻的速發乾酵母和三溫糖，攪拌均勻，正中央壓出凹槽，倒入蛋、加熱的牛奶。

4　揉5分鐘，直到出現彈性，表面變得光滑為止。

5　再移到塗上奶油的調理碗中，放在溫暖的場所發酵1小時。

6　把奶油塗抹在模型裡。將肉桂和肉荳蔻混合攪拌均勻。

7　把高筋麵粉（分量另計）撒在作業台和擀麵棍上，揉捏麵團（擠出空氣），用擀麵棍擀成25×30cm左右的長方形。

8　把置於室溫中軟化的奶油塗抹在麵團上，再放上三溫糖和6的香料，均勻地撒上果乾。

9　把麵團捲起來，切成8等分。再把切好的麵團放進模型裡，周圍7個，正中央1個。

10　放在溫暖的場所發酵10～15分鐘。將烤箱預熱至200度。

11　以200度的烤箱烤30分鐘。

12　烤好後，趁熱將蜂蜜塗抹在表面。

巧克力蛋糕
CHOCOLATE CAKE

老少咸宜的下午茶點心

●分類：蛋糕　●享用場合：下午茶、飯後甜點　●成分：麵粉＋奶油＋砂糖＋蛋＋巧克力

翻開英式甜點的食譜，巧克力蛋糕的種類之多，完全不輸給餅乾（→P.24）及司康（→P.158），足以證明巧克力甜點非常受歡迎。雖然都說是巧克力蛋糕，其實種類五花八門。有夾奶油的、做成蛋糕卷的、加入堅果或柳橙、黑啤酒的……依照製作者的創意巧思，作法可以千變萬化。

巧克力蛋糕之所以這麼受歡迎，無非是因為英國人對巧克力的熱愛。為什麼可以說得這麼篤定呢？基於人種的多元化、宗教上的問題、過敏及個人的嗜好等等，每個人對食物的喜好各有不同。要在一大群人聚集的場合找出大家都會喜歡的食物，可以說是難如登天。這時最方便的莫過於巧克力蛋糕了。

應該沒有人不喜歡巧克力蛋糕，下午茶或飯後甜點都可以派上用場，不僅如此，巧克力蛋糕是大人小孩都能吃的東西，也難怪會經常出現在小朋友的聚會上。

在本書裡，將為各位介紹三種各異其趣的巧克力蛋糕。將蘭姆酒塗抹在簡單的巧克力蛋糕上，可以讓味道變得非常濃郁。英國有一種叫做巧克力蘭姆蛋糕的甜點，會把充滿蘭姆酒香的奶油夾進同樣帶有迷人蘭姆酒風味的蛋糕裡。包括蘭姆酒在內，英式甜點經常會用到利口酒，而且用的不是本國釀造的酒，而是進口酒。這麼一來，英國與釀造國在歷史上的淵源會自然而然地被凸顯出來。

巧克力蛋糕（直徑18cm的圓型烤模1個份）

材料
低筋麵粉 …… 120g
泡打粉 …… 1小茶匙
奶油 …… 100g
砂糖 …… 100g
蛋 …… 4個
黑巧克力 …… 120g
蘭姆酒 …… 1大茶匙

作法
1　將奶油置於室溫中，放軟備用。把奶油（分量另計）塗抹在模型裡，鋪上烘焙紙。將烤箱預熱至180度。把水倒進鍋子裡，開火。
2　將低筋麵粉和泡打粉混合並過篩。把蛋打散備用。
3　把黑巧克力掰開，放進調理碗，再放進1的鍋子裡，隔水加熱。
4　把奶油放進調理碗，攪散到呈現柔滑細緻的乳霜狀。加入砂糖，混合攪拌均勻。再加入過篩的粉類稍微攪拌一下。分成3～4次加入蛋液，攪拌均勻。加入剩下的已過篩粉類，攪拌均勻。再加入融化的巧克力和蘭姆酒，攪拌均勻。
5　把麵糊倒入模型，將表面抹平，以180度的烤箱烤30～40分鐘。

黑啤酒巧克力蛋糕
CHOCOLATE STOUT CAKE

香醇的啤酒營造出馥郁的風味

●分類：蛋糕 ●享用場合：下午茶、飯後甜點 ●成分：麵粉＋可可粉＋奶油＋砂糖＋蛋＋黑啤酒

愛爾蘭島是由位於大不列顛島以西，占了大半面積的愛爾蘭共和國與北部的北愛爾蘭所構成。換言之，雖然愛爾蘭島只有一個，但是島上卻有兩個國家並存。只要想想英國這個國名是俗稱，正式名稱為大不列顛暨北愛爾蘭聯合王國就不難理解了。

從愛爾蘭島有一部分屬於英國領土這點也可以看出，姑且不論其歷史背景，兩者之間的關係相當緊密且息息相關。大不列顛島上有很多來自愛爾蘭的人，從料理的角度來看，也有很多橫跨愛爾蘭菜與英國菜的混血菜式，例如利用羊肉和蔬菜熬煮而成的英式濃湯或愛爾蘭風味的馬鈴薯泥。

健力士啤酒是愛爾蘭最具有代表性的飲料，在日本也算是家喻戶曉的黑啤酒，具有獨特的多層次風味，是其特徵。日本多半用利口酒或蘭姆酒、白蘭地等來為甜點增添風味，但英國也會積極地使用雪莉酒或葡萄酒、啤酒。

這款巧克力蛋糕就是以黑啤酒製成的蛋糕。可可粉與黑啤酒的苦味、巧克力的甘甜、黑啤酒的風味相得益彰，營造出馥郁且非常有深度的風味。雖不是歷史悠久或背後有很多故事的甜點，依舊是英國蛋糕店裡不可或缺的一道風景。

黑啤酒巧克力蛋糕（直徑18cm的圓型烤模1個份）

材料
低筋麵粉 …… 175g
泡打粉 …… 1又1/2小茶匙
可可粉 …… 35g＋1小茶匙
奶油 …… 150g
砂糖 …… 150g
蛋 …… 3個
黑啤酒（健力士等黑啤酒）
…… 180ml
香草精 …… 2～3滴
巧克力奶油糖霜
　無鹽奶油 …… 80g
　糖粉 …… 120g
　可可粉 …… 12.5g
　黑啤酒（健力士等黑啤酒）
　　…… 2大茶匙

作法
1　將奶油置於室溫中，放軟備用。把奶油（分量另計）塗抹在模型裡，鋪上烘焙紙。將烤箱預熱至180度。
2　將低筋麵粉和泡打粉、35g可可粉混合並過篩。把蛋打散備用。
3　把奶油放進調理碗，攪散到呈現柔滑細緻的乳霜狀。加入砂糖，混合攪拌均勻。再加入少許已過篩的粉類，稍微攪拌一下。分3次加入蛋液，攪拌均勻。再加入剩下的已過篩粉類，大致攪拌均勻。加入黑啤酒和香草精，攪拌均勻。
4　把麵糊倒入模型，將表面抹平，以180度的烤箱烤45分鐘。
5　製作巧克力奶油糖霜。把無鹽奶油放進調理碗，攪散到呈現柔滑細緻的乳霜狀。加入一半的糖粉和可可粉，攪拌均勻。再加入剩下的糖粉和可可粉，攪拌均勻。加入黑啤酒，攪拌均勻。
6　蛋糕橫著對半切開，夾入一半的巧克力奶油糖霜，再把剩下的巧克力奶油糖霜塗抹在蛋糕表面，撒上1小匙可可粉。

CHOCOLATE CAKE'S
VARIATION 2

無麵粉巧克力卷

FLOURLESS CHOCOLATE ROULADE

風味濕潤卻又入口即化

●分類：蛋糕　●享用場合：下午茶　●成分：蛋＋砂糖＋巧克力＋鮮奶油

這是一種不使用麵粉的巧克力蛋糕，英文以flourless、flour-free等方式表達。

英國的蛋糕大多是沉甸甸、乾巴巴的口感，唯獨這款蛋糕例外，因為製作上沒用到麵粉，具有濕潤的口感，一放進嘴巴裡就會迅速地化開。據說早上做好，靜置一段時間，等到第二天或是傍晚再吃，這種濕潤的風味將會更加入味，是其特殊的風味所在。如果一次吃不完，可以先切成每次要吃的分量，冷凍保存，要吃的時候再拿出來自然解凍即可。在鮮奶油裡加入白蘭地或覆盆子，可以製作出更奢華的滋味，而且覆盆子本身的酸味與巧克力更是絕配。

這道甜點屬於蛋糕卷（Roll Cake）的一種，但是英國沒有Roll Cake這種說法，如同在瑞士卷（→P.188）的章節所提到的，這種類型皆稱為「○○瑞士卷／Swiss Roll」「○○毛巾蛋糕／Roulade」。其中最容易理解的莫過於法國的聖誕節巧克力卷「樹幹蛋糕」（Bûche de Noël）。英國也有直接沿用法文的說法，但是把「聖誕節樹幹」的意思換成英文，稱為「聖誕樹幹蛋糕／Christmas Log」、「聖誕木柴蛋糕／Yule Log」。順帶一提，「Yule」的意思原本是指冬至前後的節慶，現在則是聖誕節的意思。

近年來，英國除了素食的標示以外，到處也都可以看到無麩質（蛋糕的材料麵粉裡不含有麩質）的標示，可見很多人都在追求無麩質的飲食。今後應該會推出更多不使用麵粉的甜點吧。

無麵粉巧克力卷（26×19cm的烤盤1盤份）

材料
蛋 …… 3個
砂糖 …… 65g
水 …… 3大茶匙
即溶咖啡 …… 2小茶匙
黑巧克力 …… 110g
鮮奶油 …… 100ml
糖粉 …… 1/4小茶匙

作法
1 把奶油（分量另計）塗抹在烤盤上，鋪上烘焙紙。將烤箱預熱至200度。
2 把水、即溶咖啡、黑巧克力掰開放進鍋子裡，開小火，煮到巧克力融化。
3 把蛋白和蛋黃分開，再把砂糖加到蛋黃裡，打發到呈現泛白的慕斯狀。蛋白則打發到可以拉出立體的尖角。
4 把2加到3的蛋黃裡，攪拌均勻，加入打發的蛋白，輕柔地攪拌均勻。
5 把麵糊倒進烤盤，將表面抹平，以200度的烤箱烤10分鐘。
6 攤開烘焙紙。將鮮奶油打發到可以拉出立體的尖角。
7 等蛋糕冷卻後，再把蛋糕放在烘焙紙上，均勻地塗上鮮奶油，捲起來。
8 撒上糖粉。

巧克力奶酪

CHOCOLATE POTS

用簡單的材料就能做出美味的飯後甜點

●分類：冷藏點心　●享用場合：飯後甜點　●成分：蛋＋奶油＋巧克力

我很喜歡逛國外的超級市場，不只是為了購買在旅行當地需要的日常用品或簡單的伴手禮，同時還能看見那個國家的生活型態。英國超級市場的特色之一，無非是陳列著琳琅滿目的即食餐（冷藏、冷凍的即食產品），不只是正餐，甜點的種類也同樣五花八門，幾乎堆滿在所有貨架的邊邊角角。

超市裡經常可以看到各種慕斯，有千奇百怪的口味，但最熱賣的還是巧克力。如同在巧克力蛋糕（→P.48）的章節也提到過，這是因為英國人十有八九都熱愛巧克力。像是巧克力奶酪，就經常出現在英國的美食雜誌或食譜當中。也有充滿創意巧思，調整成時下流行的作法。基本上，只要有蛋和巧克力片就能製作，是一道簡單到不行的甜點。

嚴格來說，巧克力奶酪並不符合慕斯的定義。原本是把鮮奶油和蛋加到材料裡，利用這些材料的凝固力，使其自然凝固，但現在也有很多改用吉利丁等凝固劑的作法。巧克力奶酪就屬於這種慕斯。在日本提到Pot這個字，可能有人會想到保溫瓶，但英文並不是這個意思。Pot指的是圓形、具有深度的容器，若以盆栽或麥片碗之類的東西舉例可能會比較容易想像。將材料倒進這種小型的容器裡，做成一個一個類似慕斯的甜點，以其容器來為這款甜點命名。

不只作法不同，凝固方法也不能一概而論。奶酪和慕斯雖然都同樣利用蛋的氣泡性來創造出柔滑順口的口感，但是相較於在凝固的時候，慕斯用的是鮮奶油（有時候也會改用吉利丁等凝固劑），奶酪用的則是蛋和奶油。這是利用蛋遇熱會凝固的熱凝固性與奶油的結晶性比其他乳製品更容易凝固的特性。也因此奶酪通常都會比慕斯更濃醇香。

巧克力奶酪（4人份）

材料

黑巧克力 …… 1片（60～65g）
蛋 …… 1個
奶油 …… 5g
黃柑橘香甜酒 …… 1大茶匙

作法

1 把水倒進鍋子裡，開火。

2 把蛋白和蛋黃分開，輕柔地將蛋白打發到可以拉出立體的尖角。把黃柑橘香甜酒加到蛋黃裡，充分攪拌均勻。

3 把黑巧克力掰開，放進調理碗裡，再放進1的鍋子裡，隔水加熱，使巧克力融化。加入奶油，充分攪拌均勻。再加入2的蛋黃，攪拌均勻。最後加入打發的蛋白，攪拌均勻。

4 倒入容器，放進冰箱裡冷藏。

巧克力條
CHOCOLATE TIFFIN

可以隨身攜帶的
巧克力零嘴

■■■■■ : 巧克力點心 ■■■■■■■■■■■■■■■■■■■■■
● 分類：巧克力點心
● 享用場合：午餐、野餐、可攜帶食品、下午茶
● 成分：巧克力＋餅乾＋轉化糖漿＋果乾

　　Tiffin是輕食或午餐的意思。提到英國的
午餐盒，內容物一般都是三明治、洋芋片、
蘋果、巧克力條，這種巧克力條就是巧克力
口味的零嘴。作法很簡單，非常適合午餐或
野餐。除了葡萄乾，也可以加入蔓越莓等果
乾，若想增加口感和香氣，還可以加入不要
剁得太碎的開心果或杏仁。

巧克力條
（直徑18cm的圓型烤模1個份）

材料
消化餅乾 ⋯⋯ 200g
奶油 ⋯⋯ 80g
蜂蜜 ⋯⋯ 3大茶匙
葡萄乾 ⋯⋯ 50g
可可粉 ⋯⋯ 2大茶匙
黑巧克力 ⋯⋯ 120g

作法
1 把奶油（分量另計）塗抹在模型裡。燒一鍋水。
2 把消化餅乾敲碎。
3 把奶油和蜂蜜放進鍋子裡，開小火，煮到奶油融化後，把鍋子從爐火上移開，加入葡萄乾和可可粉拌勻，再加入消化餅乾，攪拌均勻。
4 倒入模型，將表面抹平。
5 把黑巧克力掰開放進調理碗，再放進1的鍋子裡，隔水加熱，使巧克力融化。倒進4裡，將表面抹平。
6 放涼以後，再放進冰箱裡冷藏。
※原本使用轉化糖漿，但是在日本不容易買到，所以改用蜂蜜代替。

英國人
多半熱愛巧克力

大家或許不太能想像，英國人非常熱愛巧克力。在英國有很多以巧克力製成的甜點，例如慕斯及蛋糕等等，超級市場也販賣各式各樣的巧克力，百貨公司還設有巧克力專櫃。英國原本就有巧克力店，後來又出現了好幾家走在流行尖端的專賣店，從平易近人的巧克力到高級巧克力一應俱全，令人眼花撩亂。

近年來，有機或公平貿易的商品也愈來愈受歡迎。自2013年起，英國也會舉辦巧克力博覽會／巧克力展，巧克力的人氣依舊一枝獨秀，無人能出其右。

平常就能吃，也可以買來送人

巧克力商品在英國百家爭鳴的時節，莫過於復活節的時候。包括做成蛋形的巧克力「復活節彩蛋」在內，各大廠牌都爭先恐後地推出兔子等與復活節有關的產品。

情人節倒不像日本一定要送巧克力（更何況英國的情人節也不是女性向男性表達愛意的日子，而是情侶間互相確認愛意的日子）。儘管如此，巧克力雀屏中選的頻率還是居高不下，在其他的場合，像是需要送點小禮物或帶點簡單的伴手禮上門時，巧克力也是不會缺席的要角。

此外，也不見得一定要有什麼特別的原因才會買巧克力。如同午餐盒裡必定會有巧克力條／巧克力零嘴一樣，在日常生活中，巧克力也是英國人經常購買的東西。

1 包裝得五顏六色的巧克力很適合買來送人。 2「Green & Black」的有機巧克力。有機風也吹到巧克力上頭。 3 每一顆都精雕細琢的粒狀巧克力。攝於百貨公司的巧克力賣場。 4 走在街上，到處都可以看到巧克力專賣店。 5 也有加入羅勒，與葡萄酒莊合作的前衛巧克力。

聖誕布丁

CHRISTMAS PUDDING

聖誕節的餐桌上不可或缺的飯後甜點

●分類：布丁 　●享用場合：慶祝用甜點 　●成分：果乾＋蛋＋砂糖＋麵粉＋麵包粉＋板油

一提到英國的聖誕節甜點，第一個會想到的一定是這款聖誕布丁。具有宛如會溫潤地纏繞在舌尖上的質地、濃郁的口感與甘醇的風味。像是把果乾凝結起來的樣貌，與一般人想像中的甜點差很多。材料會用到葡萄乾或淡黃色無子葡萄等果乾、蛋、砂糖、麵粉、麵包粉、板油（suet）。為了增添風味，有的還會加入白蘭地等酒類。也有加入蘋果或柳橙、堅果、肉桂或肉荳蔻等香料類的作法。

聖誕布丁的歷史可以回溯到15世紀。當時的聖誕布丁並非現在的固體物，比較像是湯或粥之類的東西。以牛肉或者是羊肉、洋蔥、果乾、麵包粉為原料，再用葡萄酒、香草或香料類來增添風味，所以並不是甜點，而是當成正餐來吃。進入16世紀後，不只是紅肉，也有人會用雞肉等白肉來做，然後慢慢地以板油取代肉的使用，這樣的傳統一路承襲至今。

聖誕布丁在清教徒革命時被禁止製作，目前廣為人知的形態則是在19世紀確定雛型。曾經出現在查爾斯·狄更斯的《聖誕頌》裡，也是在這個時候奠定了聖誕布丁在英國的聖誕節時不可或缺的甜點地位。

只要把材料混合攪拌均勻，蒸一段時間，就能做成聖誕布丁。接下來再熟成1～2個月以上，有人甚至會花半年、一年的時間熟成。事實上，製作聖誕布丁的家庭愈來愈少，多半都是去百貨公司或超級市場購買。傳統的習俗是一家人在11月後半的禮拜天製作，這時每個人都會邊攪拌材料邊許下心願。也因此這天又稱為「Stir-up Sunday」，直譯大概是「攪拌的禮拜天」的意思。

然後在12月25日聖誕節的晚餐（午餐）吃聖誕布丁，為過去一年畫下句點。英國的聖

聖誕布丁（0.5公升的布丁模型1個份）

材料

低筋麵粉 …… 35g
麵包粉 …… 35g
奶油 …… 35g
三溫糖 …… 35g
葡萄乾 …… 75g
淡黃色無子葡萄乾 …… 75g
柳橙皮 …… 15g
蛋 …… 1個
牛奶 …… 2大茶匙
白蘭地 …… 1大茶匙
檸檬汁 …… 1小茶匙

作法

1 配合布丁模型的開口裁切烘焙紙。將奶油（分量另計）塗抹在布丁模型裡。把水倒進鍋子裡至5cm高，開火。

2 將低筋麵粉過篩。把奶油切成小塊。再把柳橙皮稍微切碎。把蛋打散備用。

3 將過篩的低筋麵粉、麵包粉、奶油、三溫糖、葡萄乾、淡黃色無子葡萄乾、稍微切碎的柳橙皮混合攪拌均勻。再加入蛋、牛奶、白蘭地、檸檬汁，攪拌均勻。

4 倒進布丁模型裡，將表面抹平。緊緊地蓋上1的烘焙紙，再密不透風地包上一層鋁箔紙。

5 放入鍋中，蓋上鍋蓋，蒸2小時。過程中要不斷加水。

※原本使用的是板油，這裡改用奶油代替。

一人份的聖誕布丁。也有素的聖誕布丁。

誕節是闔家團圓的日子，就跟我們日本正月一樣。聖誕晚餐是從下午2點左右開始吃，餐桌上會擺滿烤火雞或烤鵝、烤馬鈴薯或蒲芹蘿蔔、胡蘿蔔、醋溜紫色高麗菜等配菜。最後一道菜就是聖誕布丁。要吃的時候會再蒸過，或用微波爐加熱，淋上白蘭地等酒類，再用大火把酒精燒掉，呈現出如夢似幻的視覺饗宴後才上桌。

從可以好幾個人分食的大分量到一人份的聖誕布丁，其大小不一而足，唯有半球形是聖誕布丁不變的特徵。味道基本上是走奢華路線，但是為了因應近年來追求健康養生的風潮，也出現了許多口味沒那麼重的聖誕布丁。早期的作法是用名為布丁布的紗布把布丁包起來下去蒸，但如今以改用烘焙紙或鋁箔紙緊緊地包覆住為主要作法，這也是時代的演變吧。

此外，也有不是用蒸，而是改用烤的聖誕蛋糕、柳橙風味十分迷人的丹第蛋糕（→P.76）、法國的樹幹蛋糕（英國稱為聖誕樹幹蛋糕／Christmas Log或聖誕木柴蛋糕／Yule Log，Yule是聖誕節的意思）、德國的水果麵包、義大利的潘妮朵妮紛紛出現在蛋糕店裡。甜點如今儼然已經成為聖誕節的重頭戲，而且選擇可不只聖誕布丁一種。

店裡也販賣著將聖誕布丁放進烤箱裡烤出的聖誕蛋糕。

每逢11月上旬，街上就會出現聖誕樹及聖誕燈飾。

白蘭地奶油
BRANDY BUTTER

聖誕布丁的好伙伴

●分類：淋醬　●成分：奶油＋砂糖＋白蘭地

　　這款充滿白蘭地風味的淋醬是聖誕布丁
（→P.58）不能缺少的調味重點。濃郁又香
醇，雖然分類為淋醬，但非常重口味，因
此被視為是一種甜奶油醬。從外觀來看，
說是抹醬或許比較容易想像。聖誕布丁
（→P.58）也是如此，白蘭地奶油亦可事先
做好備用。不妨提前在2～3週前做好，放進
冰箱保存。此外，白蘭地奶油也可以搭配同
屬英國聖誕甜點之一的百果餡派（→P.130）
來吃，一樣很美味。

白蘭地奶油
（1人份）

材料
奶油 …… 15g
三溫糖 …… 5g
熱水 …… 1小茶匙
白蘭地 …… 1小茶匙

作法
1　將奶油置於室溫中，放軟備用。
2　將奶油與三溫糖放進調理碗，混合攪拌到變
　　成泛白的乳霜狀。加入熱水和白蘭地，攪拌
　　均勻。

蘋果酒蛋糕
CIDER CAKE

蘋果的香氣十分柔和

● 分類：蛋糕　● 享用場合：下午茶、慶祝用甜點　● 地區：英格蘭・赫里福德郡
● 成分：麵粉＋奶油＋砂糖＋蛋＋果乾＋蘋果酒

說到Cider，或許有人會在腦海中浮現出檸檬汽水之類的冷飲，然而，這裡的Cider若以法語來說，則是以蘋果為原料，如假包換的含酒精飲料。

不只英國，蘋果在歐洲是非常普遍的水果，有很多品種，不是只有農家擁有蘋果園，家裡有庭院的人家多半也都會種蘋果樹。因此，以蘋果為原料的果汁或蘋果酒全都是日常生活中習以為常的飲料。當然也會出現在酒吧裡。

這種蘋果酒據說是1066年「諾曼人征服英格蘭」戰役時，把釀造法傳到英國。之後以英格蘭南部為中心推廣開來，如今，蘋果酒的釀造業在肯特、薩莫塞特、赫里福德都很興盛。

蘋果酒蛋糕是在蘋果酒主要產地之一的赫里福德郡舉辦一年一度的蘋果酒節慶典中所製作的點心。而在其他盛行栽培蘋果的地方，也同樣有用蘋果酒製成的蛋糕。

雖然在蛋糕裡加入了蘋果酒，但蘋果酒蛋糕的酒味並不強烈，幾乎感覺不到酒精的存在，從濕潤紮實的蛋糕裡散發出溫和的蘋果酒風味。如欲享受蛋糕輕盈的口感，不妨選擇發泡得比較強烈的蘋果酒。透過與泡打粉相輔相成的效果，會變成更膨鬆、更柔軟的質地。

蘋果酒蛋糕（直徑18cm的圓型烤模1個份）

材料
低筋麵粉 …… 225g
泡打粉 …… 2小茶匙
牙買加胡椒、肉桂、肉荳蔻
（混合而成）…… 1小茶匙
奶油 …… 100g
三溫糖 …… 100g
蛋 …… 2個
蘋果酒 …… 150ml
葡萄乾 …… 100g
綜合果乾 …… 100g

作法
1 把葡萄乾、綜合果乾、蘋果酒放進調理碗，醃漬一晚。
2 將奶油置於室溫中，放軟備用。把奶油（分量另計）塗抹在模型裡，鋪上烘焙紙。將烤箱預熱至180度。
3 將低筋麵粉和泡打粉、牙買加胡椒、肉桂、肉荳蔻混合並過篩。把蛋打散備用。
4 把奶油放進調理碗，攪散到呈現柔滑細緻的乳霜狀。加入三溫糖，混合攪拌均勻。再加入過篩的粉類，稍微攪拌一下，分3次加入蛋液，攪拌均勻。再加入剩下的已過篩粉類，大致攪拌均勻。連同湯汁把1全倒進去，攪拌均勻。
5 把麵糊倒入模型，將表面抹平，以180度的烤箱烤1小時。

咖啡核桃蛋糕

COFFEE AND WALNUT CAKE

洋溢著充滿鄉愁的風味

●分類：蛋糕　●享用場合：下午茶　●成分：蛋糕＋奶油糖霜

並不是那種在某個地區生根苗壯、或者擁有漫長的歷史、抑或是有什麼有趣故事的蛋糕，但是如果對英國人進行問券調查，問他們愛吃什麼蛋糕，這款咖啡核桃蛋糕一定會名列前茅。除了可以在咖啡廳吃到，也可以在家裡做。或許因此想起母親、祖母（也有人是由父親、祖父做給自己吃）的人所在多有，故而瀰漫著一股思鄉的情懷。

提到英國的飲料，通常會得到紅茶或奶茶的答案，唯獨這款蛋糕，搭配咖啡會比紅茶更加適合。蛋糕本身或奶油裡加入了咖啡固然是原因之一，撒上核桃也變得與咖啡比較對味。因為兩者都具有芳香撲鼻的共通點。

主流的作法通常是把蛋糕烤成圓型後，橫向對半切開，夾入咖啡口味的奶油糖霜（→P.216），上面再塗上一層奶油，最後撒上核桃。蛋糕體是以維多利亞三明治蛋糕（→P.206）為基礎，變化成咖啡口味。由於維多利亞三明治蛋糕（→P.206）具有口感比較乾的特色，因此和濃醇香的奶油糖霜（→P.216）非常對味，會讓人飲料一口接一口地灌，的確是非常適合下午茶時段的甜點。

另一方面，做成輕盈口感的變化版也愈來愈多，還有不用烤箱，改用微波爐的作法。後者呈現出膨鬆柔軟的口感，會讓人聯想到用蒸的麵包。本書所介紹的咖啡核桃蛋糕就是用微波爐製作的作法。近年來，使用的奶油也不再是奶油糖霜（→P.216），而是改用馬士卡彭起司等等，更多了幾分黏性。

咖啡核桃蛋糕（4人份）

〈基本的配方〉麵粉：砂糖：蛋：奶油＝1：1：1：1
＋咖啡＋核桃＋奶油糖霜

材料

低筋麵粉 …… 85g
泡打粉 …… 略少於1小茶匙
奶油 …… 70g
砂糖 …… 70g
蛋 …… 2個
即溶咖啡 …… 2小茶匙
熱水 …… 1大茶匙
核桃 …… 25g
咖啡奶油糖霜
　無鹽奶油 …… 25g
　糖粉 …… 40g
　即溶咖啡 …… 1小茶匙
　牛奶 …… 1小茶匙

作法

1　將奶油置於室溫中，放軟備用。把奶油（分量另計）塗抹在耐熱器皿裡。

2　將低筋麵粉和泡打粉混合並過篩。把蛋打散備用。把熱水倒進即溶咖啡裡，攪散。

3　把奶油放進調理碗，攪散到呈現柔滑細緻的乳霜狀。加入砂糖，混合攪拌均勻。分3次加入蛋液，攪拌均勻。加入過篩的粉類和即溶咖啡液，攪拌均勻。

4　把麵糊倒進耐熱器皿，將表面抹平，鬆鬆地罩上保鮮膜，放進微波爐，微波大約5分鐘。

5　把核桃稍微剁碎。

6　製作咖啡奶油糖霜。把即溶咖啡和牛奶倒進調理碗裡，混合攪拌均勻，待即溶咖啡溶解後，再加入無鹽奶油和糖粉，攪拌均勻。

7　將咖啡奶油糖霜塗抹在蛋糕上，撒上核桃。

糖煮水果
COMPOTE

用糖漿把水果煮來吃的老祖宗智慧

●分類：保存用食品　●享用場合：飯後甜點　●成分：水果＋糖漿／葡萄酒

儘管在現今這個時代，洗手做羹湯已經不再是件理所當然的事情，但是因為採收了大量的水果，若說有什麼是可以保持新鮮又能簡單製作的水果製品，無非就是果醬或糖漿、以及這道糖煮水果了。既是保存用食品，又是常備菜。英國的食譜中還設有「preserve」或者是「preserving」的單元。以蔬菜為例，醃漬的醬菜就屬於這個單元。

在英國其實可以看到各式各樣的這種保存用食品。從密密麻麻地陳列在百貨公司貨架上的這些保存用食品，不難想像過去每個家庭都挖空心思，製作出琳琅滿目的保存用食品。古今中外都可以看到這種不浪費食材的方法，可說是老祖宗的智慧，英國當然也不例外。

糖煮水果是上述保存用食品的製作方法中最簡單也最輕鬆的作法。糖煮水果是把水果和糖漿或葡萄酒一起煮熟，並且煮到軟爛的甜點。不見得非得要長時間熬煮，所以也不用花太多時間。稍微煮一下還能留住水果恰到好處的風味。

當然可以用直接吃就很好吃的水果來做，但如果利用直接吃太硬或太酸的水果更好。這種水果煮熟以後，不再又酸又硬，會變得柔軟可口。

糖煮水果熱熱的很好吃，放涼來吃也不會減損其美味。與優格十分對味，很適合裝在一起，當成飯後甜點來吃，或是當成早餐的一道菜。

本書介紹的作法是利用無花果製成的糖煮水果。無花果的保存期限很短。而糖煮水果很適合用來處理像無花果這種比較容易壞的水果。另外，如果是無花果這種軟綿綿的水果，為了避免煮到散開，請先一整顆丟下去煮，上桌以前再切成4等分或方便食用的大小即可。

糖煮無花果（2人份）

材料
無花果 …… 4個
砂糖 …… 40g
水 …… 100ml
白酒 …… 125ml
檸檬汁 …… 1大茶匙

作法
1　剝掉無花果的皮。
2　把水和砂糖倒進鍋子裡，開火，煮到砂糖融化後，再加入無花果、白酒、檸檬汁，蓋上鋁箔紙，打洞，用小火煮10分鐘。過程中要為無花果翻面。
3　把鍋子從爐火上移開，靜置放涼。
※為無花果剝皮的時候，不要從頂端，而是從靠近莖部的方向開始剝會剝得比較漂亮。

康沃爾番紅花蛋糕
CORNISH SAFFRON CAKE
別名：康沃爾番紅花麵包／Cornish Saffron Bread

鮮艷的黃色很吸睛的麵包蛋糕

●分類：發酵點心　●享用場合：下午茶、慶祝用甜點　●地區：英格蘭·康沃爾
●成分：麵粉＋奶油＋砂糖＋果乾＋番紅花

「Cornish」的意思是指「康沃爾地區的～」，顧名思義，是英格蘭西南部的地方甜點。特徵在於使用了番紅花。因此麵團會呈現鮮艷的黃色。是一道番紅花的香氣十分濃郁的甜點。

番紅花最為人所熟知的運用法是使用在咖哩飯的飯上和西班牙海鮮飯裡，如同大部分的香料那樣，都是栽培於熱帶地區，乍看之下與英國的康沃爾似乎扯不上關係，其實有非常深刻的淵源。

康沃爾以前曾是盛產錫礦的地區，還出口到海外，當時就是用錫與地中海的腓尼基人交換番紅花。番紅花目前仍是最昂貴的香料，更何況是在當時，不難想像其珍貴的價值。附帶一提，礦工們帶在身上當午餐吃的康沃爾餡餅後來成了非常有名的康沃爾特產。

如此這般，番紅花傳入了康沃爾，但因為價格昂貴，不是想用就能用的材料，只有在復活節或收割季等特別的時候才有機會用上番紅花。

康沃爾番紅花蛋糕比較不甜，再加上其特殊的口感，與其說是甜點，更接近麵包。這也難怪，因為是以酵母發酵製成的，因此又稱為「康沃爾番紅花麵包」。吃的時候先切片，再塗上同樣是酪農地帶康沃爾特產的奶油來吃，就會更加美味。

此外，根據最近幾年的研究指出，並非只有康沃爾才會用番紅花製成蛋糕，英格蘭各地都有用番紅花做的蛋糕。

康沃爾番紅花蛋糕（12×21.5cm的磅蛋糕模型1個份）

材料
低筋麵粉 …… 225g
速發乾酵母 …… 1/4大茶匙
　（略少於1小茶匙）
砂糖 …… 2大茶匙
鹽 …… 1/4小茶匙
奶油 …… 80g
牛奶 …… 150ml
葡萄乾 …… 80g
綜合果乾 …… 20g
番紅花 …… 少許
　（大約是鬆鬆的1/4小茶匙）

作法
1　把奶油（分量另計）塗抹在模型裡。
2　把牛奶倒進鍋子裡，開火，煮到沸騰再關火，迅速地加入番紅花。
3　將低筋麵粉和鹽混合並過篩。將速發乾酵母和砂糖混合攪拌均勻。再把奶油切成適當的大小。
4　把3的粉類和奶油放進食物處理機，打碎到變成疏鬆的粉狀。
5　移到調理碗中，加入拌勻的速發乾酵母和砂糖，再加入葡萄乾、綜合果乾攪拌均勻，在正中央壓出凹槽，注入撈除番紅花的牛奶。
6　揉5分鐘，直到出現彈性，表面變得光滑為止。
7　把麵團放進模型裡，盡可能把表面抹平，放在溫暖的場所發酵30分鐘。
8　將烤箱預熱至180度。
9　以180度的烤箱烤30～40分鐘。

蘇格蘭覆盆莓黃金燕麥

CRANACHAN

別名：奶油Crowdie起司／Cream Crowdie

使用了大量的蘇格蘭食材

●分類：冷藏點心 ●享用場合：飯後甜點 ●地區：蘇格蘭
●成分：鮮奶油＋蜂蜜＋威士忌＋燕麥片＋水果

這是蘇格蘭的傳統點心之一，只要將鮮奶油、蜂蜜、威士忌、覆盆子、烤過的燕麥片混合攪拌均勻即可，非常簡單。使用的都是充滿蘇格蘭風格的材料，以蘇格蘭在地名產的威士忌及燕麥片為首，其中覆盆子也是蘇格蘭盛產的水果。只要再選用石南花蜜（石南花是生長在北英格蘭及蘇格蘭荒野上的植物，歐石南也是石南花的一種。至於石南花蜜，就是石南花的蜂蜜），就能做成更有蘇格蘭風味的一道甜點。

以時下流行的說法來歸類，蘇格蘭覆盆莓黃金燕麥屬於慕斯杯（杯子甜點）的一種。如今一年四季都可以吃到，但其實原本只有夏天或收割季節才能吃到。也有人用於婚禮的宴客，將戒指藏在蘇格蘭覆盆莓黃金燕麥裡，有幸吃到的人就是下一個走進結婚禮堂的人，用法相當於新娘的捧花。現在則是個別製作，或是一次做好再分成小份，以前是

把所有材料放在桌上，讓每個人選擇自己想吃的食材，自己攪拌來吃。

而在蘇格蘭當地，也有人稱呼蘇格蘭覆盆莓黃金燕麥為「奶油Crowdie起司／Cream Crowdie」。這是因為過去曾經用一種名為Crowdie的軟起司來代替鮮奶油，蘇格蘭覆盆莓黃金燕麥原本就被稱為奶油Crowdie起司，等於是把這個名稱沿用至今。

蘇格蘭覆盆莓黃金燕麥通常是用覆盆子來做，但是在日本不容易買到新鮮的覆盆子，就算買得到也所費不貲，因此也可以改用同樣屬於軟綿綿水果的藍莓或草莓。本書的作法用的是草莓。重點在於要先將燕麥片烤過，藉此增添香氣逼人的風味與一粒一粒的口感。也可以再加點變化，例如加入烤過的杏仁片或冰淇淋。如果要做給小朋友吃，就不要加威士忌，直接這樣吃，或者是加點香草精來增添香味。

草莓蘇格蘭覆盆莓黃金燕麥（3人份）

材料

燕麥片 …… 10g
草莓 …… 100g
鮮奶油 …… 100ml
威士忌 …… 1/2大茶匙
蜂蜜 …… 1/2大茶匙＋1又1/2小茶匙

作法

1 把烘焙紙鋪在烤盤上，將烤箱預熱至100度。

2 將燕麥片撒在烤盤上，以100度的烤箱烤15分鐘，烤到帶有淡淡的金黃色。

3 剔除草莓的果蒂，切成一口大小。將鮮奶油打發到可以微微拉出立體的尖角。留下一些裝飾用的燕麥片，與威士忌及1/2大茶匙的蜂蜜混合攪拌均勻。

4 將鮮奶油和草莓放進容器裡，每次注入1/2小茶匙的蜂蜜，直到準備的蜂蜜全倒進去，撒上燕麥片。

烤奶酥
CRUMBLE

可以輕鬆製作的招牌家常飯後甜點

●分類：烘焙點心 ●享用場合：飯後甜點 ●成分：加料麵糊＋水果

一提到甜點，就想到漂漂亮亮地盛裝在盤子裡的人想必所在多有，那種甜點當然不是沒有，但是在習慣於飯後享用甜點的英國，也存在著許多可以輕鬆在家裡吃的甜點。會出現在一般家庭餐桌上的甜點，通常都是非常隨興的東西，例如直接打開水果罐頭，或者是市面上販售的慕斯或優格。

烤奶酥也屬於這一類的甜點，作法非常簡單，只要把麵粉與奶油、砂糖混合攪拌均勻，做成質地鬆軟的麵糊，放在當季的水果上，放進烤箱裡烤即可。水果多半選用蘋果或大黃（譯註：歐洲的大黃是一種新鮮栽種的蔬果，而非中藥的大黃），也可以使用李子或無子小葡萄乾或莓果類。直接用新鮮的水果，或是把比較硬的水果稍微煮一下來用。淋在上面的麵糊要配合水果的甜味來調整砂糖量，有時候也會加入果乾或堅果類、燕麥片等等。並沒有正式的食譜，不妨以「利用手邊現有的食材來發揮創意」這種輕鬆的心態來加以變化。

如同「烤奶酥」的原文CRUMBLE是指「搗得碎碎的，使其變成粉末狀」的意思，其特色在於粉粉的口感。雖然在材料的比例上略有不同，不過大致相當於維也納甜點中的奶酥（Streusel）。

放涼以後也很美味，但是剛出爐的時候最好吃了。在英國，通常會在烤奶酥上淋上卡士達醬（→P.216）來吃，但也可以改用鮮奶油。比起直接單吃，像這樣加上一些淋醬一起享用，更能使美味倍增。

烤奶酥算是比較新的甜點，至少不曾出現在20世紀以前的文獻裡。或許因為作法簡單，使用的又是手邊現有的材料，所以應該是在第二次世界大戰中開始普及。

蘋果烤奶酥（4人份）

材料
低筋麵粉 …… 125g
奶油 …… 40g
砂糖 …… 40g＋30g
蘋果（紅玉）…… 500g
水 …… 50ml

作法
1 把奶油（分量另計）塗抹在耐熱器皿裡。將烤箱預熱至180度。
2 把蘋果切成4等分，去芯，再切成薄片，和水一起放進鍋子裡，開小火，煮到蘋果變軟。
3 將低筋麵粉過篩。奶油切成適當的大小。
4 把低筋麵粉和奶油放進食物處理機，打碎到變成疏鬆的粉狀。
5 移到調理碗中，加入40g的砂糖。
6 將2的蘋果放進耐熱器皿，撒上30g砂糖，以5覆蓋。
7 以180度的烤箱烤30～40分鐘。
※英國使用的是布拉姆利蘋果等比較酸、被稱為料理蘋果的種類（→P.222）。也可以用紅玉蘋果代替。

英式小圓煎餅
CRUMPETS

綿軟彈牙的獨特口感是其特徵

●分類：發酵點心　●享用場合：下午茶、早餐　●成分：麵粉＋酵母＋牛奶

英式小圓煎餅之所以是英式小圓煎餅，就在其獨特的口感，非但不會硬梆梆，還具有綿軟的彈性。英式小圓煎餅的外觀長得跟英式馬芬（→P.84）很像，但是口感比英式馬芬（→P.84）更Q韌彈牙。

這種特殊的口感是因為麵團含有大量的水分。含水量太高的麵團很容易塌陷，為了防止麵團塌陷，目前以放在塑型環裡，用平底鍋來烤的作法為主流。傳統的作法跟威爾斯小蛋糕（→P.212）一樣，用稱為griddle的烤盤來烤。隨著時代演變，烘焙工具也跟著進化了。

英式小圓煎餅本身並沒有什麼味道，因此通常會塗上滿滿的奶油或人造奶油、轉化糖漿（→P.221）或蜂蜜來吃。稍微加熱一下，讓奶油或轉化糖漿確實地流進英式小圓煎餅上一個一個凹進去的小洞裡，然後不要在意會不會滴下來，大口咬下，可以說是英國人特有的吃法。如今都用小烤箱加熱，以前聽說是放在暖爐的火上烤來吃。

英式小圓煎餅是一道歷史悠久的甜點，相傳從中世以前就有了。不過，當時的英式小圓煎餅與今天的英式小圓煎餅不太一樣，是比較硬的英式鬆餅（→P.140）。再加上其內容與詞彙皆與威爾斯意指英式鬆餅（→P.140）的「crempog」、法國布列塔尼地區的「krampoch」有些相似之處，也坐實了彼此之間的關聯性。

英式小圓煎餅是英國相當常見的麵包甜點，在超級市場的麵包賣場當然也買得到。另外，不只英國人會在日常生活中吃英式小圓煎餅，身為大英國協成員國的澳洲及紐西蘭也會食用。英式小圓煎餅的形狀通常是圓形，但是也有正方形的類型。

英式小圓煎餅（直徑7cm的塑型環10個份）

材料
高筋麵粉 …… 185g
速發乾酵母 …… 1小茶匙
鹽 …… 1/4小茶匙
水 …… 150ml
牛奶 …… 125ml
沙拉油 …… 適量

作法
1 將高筋麵粉和鹽混合並過篩。將水和牛奶加熱到人體皮膚的溫度。
2 把速發乾酵母加到1的粉類，攪拌均勻，在正中央壓出凹槽，倒入水和牛奶，攪拌到柔滑細緻。
3 放在溫暖的場所發酵1小時。
4 把沙拉油塗抹在塑型環內側。
5 把平底鍋放在爐火上，薄薄地塗上一層沙拉油，放上塑型環。
6 平底鍋熱好後，轉小火，分別倒入3大茶匙的麵糊。
7 經過5分鐘，麵糊開始噗滋噗滋地冒泡後，翻面，再煎2～3分鐘。

丹第蛋糕
DUNDEE CAKE

柳橙風味十分迷人的水果蛋糕

● 分類：蛋糕　● 享用場合：慶祝用甜點、下午茶　● 地區：蘇格蘭・丹第
● 成分：麵粉＋奶油＋砂糖＋蛋＋果乾＋柳橙＋杏仁

　　一提到英國的甜點，第一個會想到的莫過於聖誕布丁（→P.58）或百果餡派（→P.130），除此之外還有好幾種聖誕節的甜點，這款丹第蛋糕即為其中之一。

　　顧名思義，丹第蛋糕是誕生於蘇格蘭丹第的甜點。丹第從18世紀以來就是很有名的橘皮果醬產地。這裡有一家名為「Keiller」的橘皮果醬廠商，這家公司正是創造出丹第蛋糕的創始者。

　　橘皮果醬的原料是西班牙進口的塞維亞苦橘。因為是水果，有其產季，所以橘皮果醬的製作在一年之初最為忙碌。只不過，既然有旺季，當然就會有淡季，為了讓工廠一年四季都能平均運作，「Keiller」便想到用塞維亞苦橘來做蛋糕。這就是充滿了柳橙風味的水果蛋糕（→P.104）丹第蛋糕的起源，還能充分利用不要的柳橙。19世紀後登上歷史舞台的丹第蛋糕大受好評，一下子就襲捲了蘇格蘭、乃至於整個英國。

　　丹第蛋糕的作法不只有柳橙風味，還有加入橘皮果醬的種類。不管是哪一種，重點都在於柳橙的風味十分迷人。除此之外還有一個特徵，就是會用杏仁在表面做出放射狀的裝飾，看起來的視覺效果也很強烈，這就是丹第蛋糕之所以為丹第蛋糕的重大要素。

丹第蛋糕（直徑18cm的圓型烤模1個份）

材料
低筋麵粉 …… 225g
杏仁粉 …… 30g
泡打粉 …… 2小茶匙
奶油 …… 150g
三溫糖 …… 150g
蛋 …… 3個
葡萄乾 …… 200g
綜合果乾 …… 200g
糖漬櫻桃 …… 50g
檸檬皮 …… 10g
柳橙皮 …… 10g
檸檬 …… 1個
柳橙 …… 1個
杏仁 …… 50g

作法
1　將奶油置於室溫中，放軟備用。把奶油（分量另計）塗抹在模型裡，鋪上烘焙紙。將烤箱預熱至160度。
2　檸檬和柳橙削皮，各自對半切開，把果汁擠出來（檸檬汁需要1大茶匙、柳橙汁需要2大茶匙）。把糖漬櫻桃切成1/4，再把檸檬皮和柳橙皮稍微剁碎。
3　將低筋麵粉、杏仁粉、泡打粉混合並過篩。把蛋打散備用。
4　把奶油放進調理碗，攪散到呈現柔滑細緻的乳霜狀。加入三溫糖，混合攪拌均勻。再加入少許過篩的粉類，稍微攪拌一下，分3次加入蛋液，攪拌均勻。加入剩下的已過篩粉類，稍微攪拌一下。再加入葡萄乾、綜合果乾、糖漬櫻桃、檸檬皮和柳橙皮、磨碎的檸檬皮和柳橙皮、檸檬汁和柳橙汁，攪拌均勻。
5　把麵糊倒入模型，將表面抹平，把杏仁呈放射狀地插進麵糊裡，放進160度的烤箱烤1小時30分鐘。

埃各爾思蛋糕

ECCLES CAKES

酥脆鬆軟的麵團與果乾非常對味

●分類：派　●享用場合：下午茶　●地區：英格蘭・蘭開夏・埃各爾思
●成分：起酥皮＋果乾

一提到Cake，很容易聯想到海綿蛋糕（→P.215）、熱那亞（Genoise）海綿蛋糕或使用了蛋糕體的法式甜點，但是在英國這個詞彙的範圍就更大了（→P.228）。說穿了，烘烤成扁平的圓形固體都叫蛋糕，不只是甜口味的蛋糕，就連不甜的點心也會取名為蛋糕。

埃各爾思蛋糕雖然被分類為蛋糕，但是構成要素之一卻是折疊派皮。在派皮裡塞滿了果乾，捏成圓形烤來吃。酥酥脆脆的派皮與果乾的自然甘甜風味可以說是天作之合，是所有英國人都喜歡的甜點。

埃各爾思蛋糕誕生於位在英格蘭西北部的蘭開夏小鎮埃各爾思，自18世紀開始出現在文獻裡，但是到了19世紀才受到大眾的支持，主要是因為這個小鎮的甜點師傅詹姆斯・比爾希（James Birch）的推波助瀾。

傳統的埃各爾思蛋糕使用的派皮是一種折疊派皮，亦即起酥皮，但是也有用千層酥皮（→P.214）製作的埃各爾思蛋糕，本書的作法採用的是後者。另外，用無子小葡萄乾來做才是正統的作法，但本書的作法則是以在日本比較容易買到的葡萄乾代替。

埃各爾思蛋糕可以直接當成下午茶的點心來吃，但是和同一個產地的蘭開夏起司一起吃也很美味。甜甜鹹鹹的風味很有意思，可以品嚐到與眾不同的美味。

埃各爾思蛋糕（8個份）

材料
千層酥皮（→P.214）…… 約200g
蛋白 …… 1個份
砂糖 …… 適量
夾心
　葡萄乾 …… 75g
　綜合果乾 …… 25g
　三溫糖 …… 30g
　肉桂 …… 1/4小茶匙
　肉荳蔻 …… 1小撮
　奶油 …… 10g

作法
1　製作千層酥皮，放在冰箱裡，冷藏備用（→P.214）。
2　製作夾心。把材料全部倒進鍋子裡，開小火，混合攪拌均勻。煮到奶油融化、所有的材料都均勻地沾滿了奶油和三溫糖後，把鍋子從爐火上移開，靜置放涼。
3　將烤箱預熱至200度，把烘焙紙鋪在烤盤上。
4　把低筋麵粉（分量另計）撒在作業台和擀麵棍上，將千層酥皮擀成3mm厚，用直徑7～7.5cm的圓形餅乾模切壓出形狀。再擀成薄一點、直徑10cm左右的圓形。
5　把夾心放在麵團的中央。
6　在麵團的四周沾點水，以由麵團的邊緣往中間集中的方式捏緊，把夾心包起來。將捏緊的那一面朝下，用掌心輕輕地按壓，把表面壓平，放在烤盤上。
7　用刀子在表面劃下3道缺口，塗上事先打散的蛋白，再撒上砂糖。
8　以200度的烤箱烤15～20分鐘。

接骨木花果凍
ELDERFLOWER JELLY

讓人聯想到初夏的優雅香氣與風味

●分類：冷藏點心　●享用場合：點心、飯後甜點　●成分：吉利丁＋水＋接骨木花釀

　　所謂果凍，種類五花八門，其中一種就是口感類似軟糖的果凍，土耳其軟糖（→P.204）及法國甜點中的水果軟糖（Pâtes de fruits）即為其中之一。日本也有這種果凍，老奶奶最愛吃的一口大小常溫果凍就屬於這一種。其他類型的果凍還有保存用食品、以及像是果醬般的果凍。果凍與果醬的差別在於前者並未加入搗碎的果肉。

　　以下為大家介紹的果凍是用吉利丁和糖漿製作的冷藏點心，是日本人也很熟悉的甜點。為了與上述的果凍做出區別，也有人稱這款果凍為水果果凍。果凍在18世紀以慕斯杯（杯子甜點）的定位打開知名度，於19世紀加上豪華的裝飾，做出各式各樣的變化版。到了20世紀，多半都做得很簡單，給小朋友當點心吃。「傑樂／JELL-O」幾乎可以說是美國果凍原料的代名詞，其實英國也有很多物美價廉的果凍原料。因為製作方便，所以也被用來製作在聚會中經常登場的甜點查佛鬆糕（→P.202）。

　　這種果凍又叫水果果凍，因此是以水果口味為主流，會用到果汁，或是直接加入水果本身。本書介紹的是用充滿了英國風味的食材Elder Flower製作的果凍。在日本的名稱為西洋接骨木，顧名思義，Elder Flower就是西洋接骨木的花，盛開在初夏，是楚楚可憐的白花，散發著淡淡的優雅香味。一般會把用白蘇維濃這種白葡萄釀成的葡萄酒香氣比喻成白花，接骨木的香氣很像那種白酒。接骨木花釀就是以接骨木花為材料，做成名為水果酒或花釀的糖漿，每喝一口都能充分享受到讓人聯想起初夏的香氣及風味。

　　接骨木花釀在日本也已經變得隨處可見。用這種讓人心曠神怡的接骨木花釀製成的果凍是很適合夏天的甜點，相信不管是小孩還是大人都會喜歡。

接骨木花果凍（250ml的果凍模型1個份）

材料
吉利丁粉 …… 5g
水 …… 2大茶匙＋50ml
接骨木花的汁
　（將接骨木花釀稀釋得濃一點）
　…… 200ml

作法
1　用2大茶匙的水將吉利丁粉泡漲。
2　製作接骨木花汁。把50ml的水倒入鍋中，開火（不需要煮到沸騰）。
3　把泡漲的吉利丁粉加到熱水裡，讓吉利丁溶化。加入接骨木花汁，攪拌均勻。
4　放涼以後，倒進容器裡，等到充分冷卻以後，再放進冰箱冷藏，使其凝固定形。

英式瑪德蓮蛋糕
ENGLISH MADELEINES

盛妝打扮的模樣非常可愛

■■■■■■■■■■■■■■■■■■■■■■■■■■■■■■■■■■■■■■
●分類：蛋糕　●享用場合：下午茶　●地區：英格蘭　●成分：蛋糕＋果醬＋椰子絲＋糖漬櫻桃

瑪德蓮蛋糕是日本人也很熟悉的小蛋糕，以前是以菊花的形狀為主流，現在則是承襲法式風格，做成貝殼形狀，把背面烤得蓬蓬的。事實上，英國也有一種以瑪德蓮為名的甜點，大家知道嗎？

英國的瑪德蓮跟法國的瑪德蓮一樣，都是小蛋糕，但是形狀大不相同，英國的瑪德蓮蛋糕是用奶油杯的模型來製作，不是烤好就算，而是會把果醬塗在烤好的蛋糕上，撒上一些椰子絲，最後再擺顆糖漬櫻桃做裝飾，打扮得漂漂亮亮的。盛妝打扮的瑪德蓮蛋糕或許與走在流行最前端的時尚相去甚遠，但依舊很迷人。

之所以這麼說，是因為這款蛋糕並不是時下流行的甜點。英國的瑪德蓮蛋糕相當於日本昭和時代的點心，如今已經不太有機會看到了，但是以前還有專用的模型，家家戶戶都會製作。本來沒有英式二字，就叫做瑪德蓮蛋糕，但是跟英式馬芬（→P.84）一樣，當瑪德蓮蛋糕和馬芬皆已成為家喻戶曉的甜點，為了做出區隔，才加上英式二字，強調這才是血統純正的英式甜點。順帶一提，翻成中文雖然都叫瑪德蓮蛋糕，但是「瑪德蓮／madeleine」的英式發音與法式發音不同。

在本書裡，蛋糕體使用的是維多利亞三明治蛋糕（→P.206）的章節也會提到、英國最基本的麵糊，實際上，這雖然是最常見的作法，但是也有改用質地更輕盈的海綿蛋糕（→P.215）來做的瑪德蓮蛋糕。至於果醬的部分，除了覆盆子，也可以改用草莓或杏桃的果醬。

■■■■■■■■■■■■■■■■■■■■■■■■■■■■■■■■■■■■■■

英式瑪德蓮蛋糕（奶油杯5個份）

〈基本的配方〉麵粉：奶油：砂糖：蛋＝1：1：1：1
＋果醬＋椰子絲＋糖漬櫻桃

材料

低筋麵粉 …… 50g
泡打粉 …… 1/2小茶匙
奶油 …… 40g
砂糖 …… 40g
蛋 …… 1個
牛奶 …… 1大茶匙
香草精 …… 1～2滴
覆盆子果醬 …… 1又1/2大茶匙
椰子絲 …… 15g
糖漬櫻桃 …… 2顆半

作法

1 將奶油置於室溫中，放軟備用。把奶油（分量另計）塗抹在模型裡。將烤箱預熱至180度。
2 將低筋麵粉和泡打粉混合並過篩。把蛋打散備用。
3 把奶油放進調理碗，攪散到呈現柔滑細緻的乳霜狀。加入砂糖，混合攪拌均勻。再加入少許過篩的粉類，稍微攪拌一下。分2次加入蛋液，攪拌均勻。加入剩下的已過篩粉類，大致攪拌均勻。再加入牛奶和香草精，攪拌均勻。
4 把麵糊倒入模型，以180度的烤箱烤15～20分鐘。
5 把覆盆子果醬攪開。將椰子絲切碎。再把糖漬櫻桃對半切開。
6 把果醬塗在蛋糕上，撒上椰子絲，再把糖漬櫻桃放在頂端做裝飾。

英式馬芬
ENGLISH MUFFINS

日本人也很熟悉。用手剝開，在早餐時享用

●分類：發酵點心 ●享用場合：早餐、下午茶 ●地區：英格蘭 ●成分：發酵麵團＋玉米粉

英式英文與美式英文雖然都是同一個字，指的卻是不同事物的狀況屢見不鮮，甜點也不例外。最具有代表性的當屬餅乾（→P.24）及英式鬆餅（→P.140），馬芬也是其中之一。單說馬芬二字，可能是指把仙女蛋糕（→P.90）做得大塊一點的蛋糕，但那是美國人認知裡的馬芬（→P.134），也是日本人熟悉的馬芬。

英國也有馬芬，也就是以下要為大家介紹的英式馬芬。因為日本的麵包業者推出過這種馬芬而打開知名度，或許很多人會恍然大悟「哦，原來是那個啊。」為了區隔英國的東西與美國的東西，不得不在名稱前面加上英式二字，此舉會讓絕大部分的英國人覺得不太高興，唯獨這款英式馬芬例外，因為如今一提到馬芬，即使是英國人，也會直覺地聯想到美式的馬芬（→P.134），所以就連英國人也稱自己的馬芬為英式馬芬。

英式馬芬的特色是使用發酵麵團，再撒上玉米粉。由於水分含量較高，會比一般的發酵麵團更柔軟。通常是切成兩半，稍微烤一下，放上用蛋做成的料理或培根等等，當成早餐或早午餐來吃。美國的紐約等地把班尼迪克蛋放在英式馬芬上來吃是很有名的吃法。此外，對半切開的時候，建議直接用手剝開，不要用刀切。這麼一來，剖面會凹凸不平，可以享受到其獨特的酥脆口感。如果無法順利剝開，不妨先用叉子在周圍戳一圈洞，再用手剝開。

英式馬芬 （直徑7cm的不鏽鋼塑型環8個份）

材料

高筋麵粉 …… 225g
速發乾酵母 …… 1小茶匙
鹽 …… 1/2小茶匙
砂糖 …… 1/2小茶匙
奶油 …… 10g
牛奶 …… 100ml
水 …… 75ml
玉米粉 …… 適量

作法

1　把奶油（分量另計）塗抹在調理碗裡。將高筋麵粉和鹽混合並且過篩。把速發乾酵母和砂糖混合攪拌均勻。再把牛奶和水倒進鍋子裡，加熱到人體皮膚的溫度。

2　把1的牛奶和水從爐火上移開，加入奶油，讓奶油融化。

3　把混合攪拌均勻的速發乾酵母和砂糖加到1的粉類裡，攪拌均勻，在正中央壓出凹槽，把2倒進去。

4　揉5～8分鐘，直到出現彈性，表面變得光滑為止。

5　再移到塗上奶油的調理碗中，放在溫暖的場所發酵45分鐘。

6　把烘焙紙鋪在烤盤上。將奶油（分量另計）塗抹在不鏽鋼塑型環的內側，並排在烤盤上，分別加入1小撮玉米粉。

7　揉捏麵團（擠出空氣），切成8等分。把麵團放入不鏽鋼塑型環，用掌心輕輕地按壓。

8　放在溫暖的場所發酵30分鐘。將烤箱預熱至200度。

9　將1小撮玉米粉撒在麵團上，放上烘焙紙，再把烤盤壓上去，以200度的烤箱烤12～15分鐘。

伊頓混亂
ETON MESS

「攪爛來吃」的夏日飯後甜點

●分類：冷藏點心　●享用場合：飯後甜點　●地區：英格蘭·波克夏·溫莎　●成分：蛋白霜脆餅＋鮮奶油＋水果

　　光看名字很難想像是什麼東西，這款伊頓混亂是用蛋白霜脆餅做的甜點。從名稱猜不到有什麼材料、是什麼甜點，唯一的線索只有「伊頓」這個字眼。這是指英國首屈一指的公立名校——伊頓公學。沒錯，伊頓混亂是跟伊頓公學有關的甜點，據說是在一年一度與哈羅公學的板球大賽上所提供。還有一說是在伊頓公學的一場野餐中，因為有隻小狗偶然踩到裝有食物的野餐籃而誕生，無論如何，都與伊頓公學有關。

　　因為其輕盈的口感，還以為是新型態的甜點，其實早在19世紀就已經廣為人知。話雖如此，以前的伊頓混亂與現在的伊頓混亂是不一樣的東西，原本是把草莓或香蕉和奶油或冰淇淋拌在一起吃的甜點，現在的作法基本上是把蛋白霜脆餅（→P.128）和鮮奶油、水果拌在一起吃，但是把蛋白霜脆餅（→P.128）加到伊頓混亂裡的作法變得普及其實是最近的事。

　　包括這道伊頓混亂在內，以帕芙洛娃（→P.146）為名的蛋白霜甜點經常會出現在英式餐廳的甜點菜單上。另一方面，也經常出現在一般家庭的餐桌上。這是因為製作伊頓混亂時，最費工的部分無非是製作蛋白霜脆餅，但是現在英國的超級市場或烘焙食材行就可以買到現成的蛋白霜脆餅（→P.128），因此只要稍微攪拌一下就可以上桌了。

　　用來製作伊頓混亂的水果以草莓最為普遍，但是並沒有硬性規定。可以改用跟草莓一樣，同屬於夏季水果的覆盆子，用百香果或奇異果也可以做得很好吃。順帶一提，草莓在英國是夏天的水果。

　　吃的時候要攪得稀爛，才符合以意味著「攪爛」的「混亂（mess）」為名的「英式風格」。

伊頓混亂（4人份）

材料

草莓 ⋯⋯ 200g
鮮奶油 ⋯⋯ 150ml
糖粉 ⋯⋯ 1大茶匙
蛋白霜脆餅
　　蛋白 ⋯⋯ 1個份
　　砂糖 ⋯⋯ 50g

作法

1　把烘焙紙鋪在烤盤上。將烤箱預熱至100度。
2　製作蛋白霜脆餅。把蛋白倒進調理碗打發，加入砂糖，繼續打發到可以拉出直立的尖角。
3　用量匙把2舀到烤盤上，以100度的烤箱烤1小時。
4　確定烤到表面凝固後，關火，繼續放在烤箱裡達2小時以上。
5　切除草莓的果蒂，用攪拌器等工具將其中一半搗成果泥狀，再把另外一半切成薄片。
6　把糖粉加到鮮奶油裡，打發到可以拉出尖角。
7　稍微把蛋白霜脆餅拍碎，與果泥、切成薄片的草莓一起加到鮮奶油裡，整個攪拌均勻。

夏娃布丁
EVE'S PUDDING

用蘋果做成的一種傳統點心

●分類：布丁　●享用場合：下午茶　●成分：蘋果＋蛋糕體

如同帕芙洛娃（→P.146）及沙麗蘭麵包（→P.156），以相關人物為甜點命名的情況並不稀奇，夏娃布丁也是取自夏娃這位女性的名稱。話說回來，這位夏娃指的並非某個特定的人物，而是一種比喻的手法。夏娃布丁的夏娃是蘋果的意思。亞當與夏娃吃下分辨善惡之樹的果實（禁果）——蘋果是其名稱的由來。

由此可知，夏娃布丁是以蘋果製作的甜點，把麵糊放在隨便切一切的蘋果上，烘烤而成。夏娃布丁算是比較新的甜點，這道甜點的起源可以回溯到18世紀的昆布蘭公爵布丁。昆布蘭公爵布丁是把蘋果煮過以後，再覆蓋上用蛋和板油（suet）做成的麵糊，與夏娃布丁的味道不太一樣。好像還有人會淋上融化的奶油和葡萄酒、砂糖來吃。

進入19世紀後，出現名為夏娃母親的布丁，使用了煮過的蘋果這點跟昆布蘭公爵布丁無異，但是用的不是板油，而是無子小葡萄乾。

話說回來，本書介紹的蘋果甜點並不多，就只有蘋果派（→P.10）和烤奶酥（→P.72）、雪泥（→P.174），但是在英國，乃至於整個歐洲，以蘋果製作的甜點多不勝數，可以充分地感受到蘋果儼然是生活中為大家所熟悉的水果。

夏娃布丁（3～4人份）

材料
蘋果（紅玉）…… 250g
　（大顆的1個，小顆的1個半）
砂糖 …… 35g＋45g
檸檬汁 …… 1大茶匙
低筋麵粉 …… 60g
泡打粉 …… 1/2小茶匙
奶油 …… 60g
蛋 …… 1個

作法
1　將奶油置於室溫中，放軟備用。把奶油（分量另計）塗抹在耐熱器皿裡。將烤箱預熱至180度。
2　把蘋果切成4等分，削皮，去芯，切成1cm厚，放進耐熱器皿，撒上35g砂糖、再淋上檸檬汁，稍微攪拌一下。
3　將低筋麵粉和泡打粉混合並過篩。把蛋打散備用。
4　把奶油放進調理碗，攪散到呈現柔滑細緻的乳霜狀。加入45g砂糖，混合攪拌均勻。分2次加入蛋液，攪拌均勻。再加入過篩的粉類，攪拌均勻。
5　把4覆蓋在2上，將表面抹平，以180度的烤箱烤30～35分鐘。

仙女蛋糕

FAIRY CAKES

別名：杯子蛋糕／Cupcakes

小巧可愛的家常點心代表作

●分類：蛋糕　●享用場合：下午茶　●成分：麵粉＋砂糖＋奶油＋蛋

直譯的意思是「可愛的蛋糕」。是一款小巧的蛋糕，簡而言之就是杯子蛋糕。仙女蛋糕給人比杯子蛋糕還要迷你的印象，但是在大小這方面，仙女蛋糕與杯子蛋糕之間並沒有明確的界線，而且兩者的麵糊皆以使用與維多利亞三明治蛋糕（→P.206）相同比例的配方為主流作法。本書的作法也是奠基於維多利亞三明治蛋糕（→P.206）之上。不過，仙女蛋糕也有採用口感比較輕盈，類似海綿蛋糕（→P.215）的麵糊來製作的作法。杯子蛋糕倒是沒有這種作法，都是用跟維多利亞三明治蛋糕（→P.206）一樣，質地比較紮實的麵糊來製作。

若說還有什麼更明確的差異，現在大概都差在上頭的配料。最近的杯子蛋糕上都擠滿了五顏六色的奶油糖霜（→P.216），再放上配料，宛如爭奇鬥艷的百花，但是仙女蛋糕非常簡單，就算有變化，頂多也只是塗上一層薄薄的糖霜，或者是用噴槍噴上一點顏色，最多只有在特別的時間場合多花一點工夫，做成蝴蝶蛋糕（→P.92）。

這是因為仙女蛋糕是基本款的家常甜點，已經融入到英國人的日常生活中，可以用手邊現有的東西來製作。隨著在家製作甜點的習慣愈來愈罕見，仙女蛋糕這個名詞也已經逐漸消失在世人的記憶之中，現在比起仙女蛋糕，以杯子蛋糕來代稱還比較容易溝通也說不定。

由於做起來很簡單，個頭也很小，要烤到恰到好處並不難，而且烘烤的時間也不用太長，因此如果想試著做點心給孩子吃，仙女蛋糕是再適合不過的選擇。

仙女蛋糕 （12個份）

〈基本的配方〉麵粉：奶油：砂糖：蛋＝1：1：1：1

材料

低筋麵粉 …… 120g
泡打粉 …… 1小茶匙
奶油 …… 100g
砂糖 …… 80g
蛋 …… 2個
牛奶 …… 1～2大茶匙

作法

1 將奶油置於室溫中，放軟備用。把蛋糕紙模放進模型。將烤箱預熱至180度。

2 將低筋麵粉和泡打粉混合並過篩。把蛋打散備用。

3 把奶油放進調理碗，攪散到呈現柔滑細緻的乳霜狀。加入砂糖，混合攪拌均勻。再加入少許過篩的粉類，稍微攪拌一下。分2～3次加入蛋液，攪拌均勻。再加入剩下的已過篩粉類，稍微攪拌一下。加入牛奶，攪拌均勻。

4 把麵糊倒入模型，以180度的烤箱烤15～20分鐘。

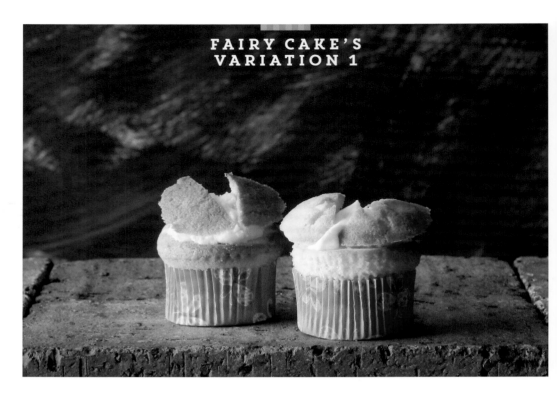

蝴蝶蛋糕
BUTTERFLY CAKES

變身成會讓人聯想到
蝴蝶的美麗造型

●分類：蛋糕　●享用場合：下午茶
●成分：蛋糕＋奶油糖霜

　　對仙女蛋糕（→P.90）再多加一點創意巧思的進化版，會在孩子們過生日的時候拿出來宴客。把蛋糕的上半部切掉，擠上奶油，再把切下來的蛋糕放回去，裝飾成蝴蝶的樣子，只是稍微做一點變化，就能變成另一種面貌。把奶油擠在蛋糕上以前，還可以再放上切片檸檬或柳橙做裝飾，味道會更複雜有層次，令人百吃不厭。就算只加一點點，也會產生非常大的效果。

蝴蝶蛋糕（12個份）

〈基本的配方〉麵粉：奶油：砂糖：蛋＝
1：1：1：1＋奶油糖霜

材料
仙女蛋糕（→P.90）…… 12個
奶油糖霜（→P.216）…… 150g

作法
1　製作仙女蛋糕（→P.90）。
2　製作奶油糖霜（→P.216）。
3　把仙女蛋糕的上半部切下來，再切成兩半。
4　把奶油糖霜放入擠花袋，擠在切開的蛋糕上，再把步驟3切下來的蛋糕放回去，拼成蝴蝶的翅膀。

女王蛋糕
QUEEN CAKES

以前會烤成心形

- 分類：蛋糕　　● 享用場合：下午茶
- 成分：麵粉＋砂糖＋奶油＋蛋＋果乾

　　為自古以來就備受青睞的蛋糕，在18世紀就已經很有名了。與仙女蛋糕（→P.90）一樣，都是以維多利亞三明治蛋糕（→P.206）為基礎，再加上無子小葡萄乾或淡黃色無子葡萄乾，烤成小小一個。本書的作法用的是更容易買到的葡萄乾。現在是把麵糊倒進杯子蛋糕的模型，以前則是用形狀更奇特的模型來烤，其中最受歡迎的莫過於心形。除了可以配茶，搭配葡萄酒或蘋果酒一起吃也是很常見的吃法。

女王蛋糕（12個份）

〈基本的配方〉麵粉：奶油：砂糖：蛋＝
1：1：1：1＋果乾

材料
低筋麵粉 …… 120g
泡打粉 …… 1小茶匙
奶油 …… 100g
砂糖 …… 80g
蛋 …… 2個
牛奶 …… 1～2大茶匙
葡萄乾 …… 50g

作法
1　將奶油置於室溫中，放軟備用。把蛋糕紙模放進模型。將烤箱預熱至180度。
2　將低筋麵粉和泡打粉混合並過篩。把蛋打散備用。
3　把奶油放進調理碗，攪散到呈現柔滑細緻的乳霜狀。加入砂糖，混合攪拌均勻。再加入少許過篩的粉類，稍微攪拌一下。分2～3次加入蛋液，攪拌均勻。再加入剩下的已過篩粉類，整個攪拌均勻。加入牛奶，攪拌均勻。再加入葡萄乾拌勻。
4　把麵糊倒入模型，以180度的烤箱烤15～20分鐘。

FAIRY CAKE'S VARIATION 3

紅絲絨杯子蛋糕
RED VELVET CUPCAKES

令人眼睛為之一亮的
鮮紅色

● 分類：蛋糕　● 享用場合：下午茶
● 成分：蛋糕＋糖霜

　　隨著杯子蛋糕的人氣爆棚，從美國傳到英國，融入英國人生活中的杯子蛋糕就是這款鮮紅色的蛋糕，與用奶油起司做的白色糖霜形成非常漂亮的對比。現在標榜主打杯子蛋糕的英國蛋糕店一定會有這款紅絲絨杯子蛋糕，是新時代的招牌商品。誕生自美國紐約的知名飯店，在南部也是無人不知、無人不曉的蛋糕。藉由加入可可粉，讓蛋糕的紅色更加鮮艷。

紅絲絨杯子蛋糕
（12個份）

材料
低筋麵粉 …… 150g、泡打粉 …… 1又1/2小茶匙
紅色食用色素 …… 1小茶匙、可可粉 …… 10g
奶油 …… 50g、砂糖 …… 120g
蛋 …… 1個、無糖優格 …… 125g
義大利酒醋 …… 1小茶匙、香草精 …… 2～3滴
糖霜（奶油起司 …… 150g、奶油 …… 35g、
　　　糖粉 …… 100g）

作法
1　將奶油和奶油起司置於室溫中，放軟備用。蛋糕紙模放進模型。將烤箱預熱至170度。
2　將低筋麵粉和泡打粉、紅色食用色素、可可粉混合並過篩。把蛋打散備用。
3　把奶油放進調理碗，攪散到呈現柔滑細緻的乳霜狀。加入砂糖，混合攪拌均勻。再加入少許過篩的粉類，稍微攪拌一下。分3次加入蛋液，攪拌均勻。加入剩下的已過篩粉類，稍微攪拌一下。加入無糖優格、義大利酒醋、香草精，攪拌均勻。
4　麵糊倒入模型，以170度的烤箱烤30分鐘。
5　製作糖霜。把奶油放進調理碗，攪散到呈現柔滑細緻的乳霜狀。加入奶油起司和糖粉，徹底地攪拌到變得柔滑細緻為止。
6　將糖霜塗抹在蛋糕上。

FAIRY CAKE'S VARIATION 4

櫛瓜杯子蛋糕
SPICED COURGETTE CUPCAKES

加入蔬菜
也可以當早餐吃的蛋糕

■ 分類：蛋糕 ■ 享用場合：下午茶、早餐
■ 成分：蛋糕＋糖霜

　　櫛瓜在南歐是家喻戶曉的蔬菜，第二次
世界大戰後，在英國也成了日常生活中的
蔬菜，隨即出現在歷史舞台上的就是這款
蛋糕。櫛瓜的味道很單純，不說破的話，
根本沒有人會知道蛋糕裡加了櫛瓜。順帶
一提，櫛瓜的英文拼音與法文一樣，皆為
「courgette」。

櫛瓜杯子蛋糕
（16個份）

材料

低筋麵粉 ⋯⋯ 150g、泡打粉 ⋯⋯ 1又1/2小茶匙
鹽 ⋯⋯ 1/4小茶匙、肉桂 ⋯⋯ 1/2小茶匙
乾薑粉 ⋯⋯ 1/4小茶匙、肉荳蔻 ⋯⋯ 少許
橄欖油 ⋯⋯ 3大茶匙、三溫糖 ⋯⋯ 100g
蛋 ⋯⋯ 2個、核桃 ⋯⋯ 65g、櫛瓜 ⋯⋯ 180g
牛奶 ⋯⋯ 2大茶匙
糖霜（奶油起司 ⋯⋯ 70g、奶油 ⋯⋯ 60g、
　糖粉 ⋯⋯ 80g）

作法

1　將奶油和奶油起司置於室溫中，放軟備用。
　把蛋糕紙模放進模型。將烤箱預熱至180
　度。

2　將低筋麵粉和泡打粉、鹽、肉桂、乾薑粉、
　肉荳蔻混合並過篩。稍微把核桃剁碎。

3　把蛋打散備用。將櫛瓜放進食物處理機打
　碎，與橄欖油、牛奶混合攪拌均勻。

4　把過篩的粉類和核桃、三溫糖倒在一起，加
　入3，混合攪拌均勻。放進模型裡，以180
　度的烤箱烤20～25分鐘。

5　製作糖霜。把奶油放進調理碗，攪散到呈現
　柔滑細緻的乳霜狀。加入奶油起司和糖粉，
　徹底地攪拌到變得柔滑細緻為止。

6　將糖霜塗抹在蛋糕上。

杯子蛋糕是
英式甜點的新寵兒

杯子蛋糕在英國人氣爆棚大概是從2000年代中期的時候開始。與此同時，街頭巷尾陸續出現了許多蛋糕店，這些蛋糕店與過去的蛋糕店大不相同，除非碰到什麼特別的時間場合，否則以前的英國蛋糕店多半就是製作只要經過烘烤就完成，或是頂多再加上糖霜或糖漬櫻桃之類的樸素點心。

然而，新型態的蛋糕店要不是色彩繽紛，就是走粉蠟筆色調風，蛋糕的裝飾本身自不待言，光看裝潢或外觀就令人感到賞心悅目。而這些蛋糕店的招牌商品，無一不是杯子蛋糕。

小巧可愛的優點深受喜愛

杯子蛋糕又稱為仙女蛋糕（→P.90），如前所述，並不是什麼特別新的甜點，反而是土里土氣的家常點心。

然而，隨著五顏六色的杯子蛋糕問世，打破了這樣的狀況。放上色彩鮮艷的奶油，裝飾得很可愛的蛋糕，讓杯子蛋糕變成走在流行最前線的甜點。小巧可愛或許就是杯子蛋糕大受歡迎的最主要原因。

此外，人們的生活變得愈來愈富庶，價值觀從量進化到質這點也很重要，與過去只想吃甜食吃到飽，味道反而是其次的想法大相逕庭，開始追求能滿足味蕾之慾的品質，即使只有少量也無妨。

另外還有一點很重要，那就是追求健康的心態也助長了杯子蛋糕的流行。一個杯子蛋糕的熱量固然不低，但是和吃掉一整個圓形蛋糕比起來，罪惡感降低許多。只吃一點點沒關係的心態剛好巧妙地訴諸於人性。

1 百貨公司的杯子蛋糕賣場，陳列著五顏六色的杯子蛋糕。 2 也進駐到購物中心。 3 火車站裡也有杯子蛋糕的餐車。 4 以杯子蛋糕為賣點的新風貌下午茶。 5 連鎖咖啡廳也有賣杯子蛋糕。

也進駐車站及購物中心

杯子蛋糕已經完全融入英國人的生活，不再是一時性的流行，成為一大產業。英國人為婚禮製作的傳統蛋糕，多半是加上美麗翻糖裝飾藝術（→P.192）的大型蛋糕。也有人會把杯子蛋糕疊起來，做成像泡芙塔那樣，運用在婚禮上。

火車站等地都會有杯子蛋糕的店或餐車，至於百貨公司或大型的購物中心，也有販賣杯子蛋糕的店進駐，讓人可以在那裡小憩片刻。

受到美國影集很大的影響

那麼，新穎的杯子蛋糕為何會在英國大行其道呢？首先，千萬別忘了英國的美食研究家奈潔拉·勞森的功勞。2000年出版的《How to Be a Domestic Goddess》裡將五彩繽紛又可愛的杯子蛋糕介紹給讀者，顛覆了英國截至目前的杯子蛋糕／仙女蛋糕（→P.90）給人的印象。

更重要的是，在國內也創下極高收視率的美國知名影集〈慾望城市〉於2000年介紹過位於紐約的「Magnolia Bakery」，不僅掀起一陣旋風，也確立了杯子蛋糕的地位。成立於英國杯子蛋糕黎明期的蛋糕店「Hummingbird Bakery」標榜的是美式風味，從這裡也能看出在英國開業的杯子蛋糕店都受到「Magnolia Bakery」的影響。

像這樣遠渡重洋而來的杯子蛋糕掀起一陣風潮，如今已經成為英國具有代表性的新甜點，徹底地深入到英國人的生活中。

6 五顏六色的杯子蛋糕陳列在超級市場的貨架上。 7 「Hummingbird Bakery」是讓杯子蛋糕在英國引領風騷的推手之一。 8 杯子蛋糕的盒子和包裝也都很有質感。 9 也可以在超級市場買到多采多姿的裝飾用配料。 10 在甜點教室裡可以學到各種製作奶油的方法及裝飾的作法。

胖頑童
FAT RASCALS

表情很可愛的「小胖子」

●分類：烘焙點心　●享用場合：下午茶　●地區：英格蘭・約克
●成分：麵粉＋奶油＋砂糖＋蛋＋果乾＋糖漬櫻桃＋杏仁片

大教堂、石板路的商店街以及「Bettys Cafe Tea Rooms」可以說是約克的象徵。創業於1919年，不只在約克，就連在英國也是大名鼎鼎的名店，而胖頑童正是這家店的招牌菜。以泥巴派蛋糕為基底，把砂糖、無子小葡萄乾加到鬆脆酥皮（→P.214）裡，在製作上有效地善用了剩餘的食材，是這個地區的家常甜點。由「Bettys Cafe Tea Rooms」將其商品化，並以胖頑童為名，自1980年代以後成為家喻戶曉的甜點。

胖頑童的特色在於其幽默的表情。如同「RASCALS」的意思是「惡作劇的小鬼」，用糖漬櫻桃和杏仁營造出討人喜歡的表情。圓圓胖胖的形狀也引人發噱，一如名字開頭的「胖」字。味道和胖頑童的表情會依作法及製作者的感性而異，這點也很有趣。

吃起來的感覺類似司康（→P.158）和岩石蛋糕（→P.152），口感介於餅乾（→P.24）與蛋糕之間。事實上，也有人以「加了果乾的司康」來形容胖頑童。這類的甜點都有一個共通點，就是具有乾巴巴的口感，會讓人想補充水分，亦即會想配茶，這種甜點被視為下午茶的好朋友正是因為如此。尤有甚者，Bettys Cafe Tea Rooms的所在地約克夏的紅茶也很有名。實際上，「Bettys Cafe Tea Rooms」旗下擁有英國首屈一指的紅茶品牌「Taylor of Harrogate」。推出胖頑童的「Bettys Cafe Tea Rooms」之所以會併購這個品牌，或許也是自然而然的結局。

胖頑童（6個份）

材料
低筋麵粉 …… 150g
泡打粉 …… 1又1/2小茶匙
奶油 …… 50g
砂糖 …… 35g
蛋 …… 1個
牛奶 …… 1～2大茶匙
葡萄乾 …… 60g
糖漬櫻桃 …… 6顆
杏仁片 …… 18片

作法
1 把烘焙紙鋪在烤盤上。將烤箱預熱至200度。
2 將低筋麵粉和泡打粉混合並過篩。把蛋打散備用。將奶油切成適當的大小。糖漬櫻桃對半切開。
3 把2的粉類和奶油放進食物處理機，打碎到變成疏鬆的粉狀。
4 移到調理碗中，加入砂糖和葡萄乾拌勻，在正中央壓出凹槽，加入蛋和牛奶，攪拌均勻。
5 將麵團分成6等分，用手捏成直徑7cm、高2cm左右，放在烤盤上，輕輕地把表面壓平。放上2塊糖漬櫻桃和3片杏仁，做成表情。
6 以200度的烤箱烤15分鐘。

燕麥片酥餅
FLAPJACKS

充滿思鄉情懷的英國版「米香」

●分類：砂糖點心 ●享用場合：下午茶、零食、可攜帶食品 ●成分：奶油＋砂糖＋糖漿＋燕麥片

英國版的「米香」。若換成時下流行的說法，相當於燕麥棒，是英國的傳統茶點。這些東西的共通點在於全都是用蜂蜜、轉化糖漿、麥芽糖之類的糖漿來讓穀物凝結成塊狀。米香的材料是米，而燕麥棒還加入了麥片及糙米等穀物加工品或果乾，可以說是燕麥片酥餅的加強版。因此，燕麥片酥餅是眾所周知的下午茶點心，對健康很有幫助，而且一定要細嚼慢嚥才能吞下去，因此對牙齒也很好。基於上述理由，是大人心目中會想要給小朋友吃的甜點。

在英國，燕麥片酥餅在超級市場或轉角的商店、書報攤（位於街頭，販賣報紙及點心、零食、飲料等等的商店）都買得到。像燕麥棒那樣用來代替早餐，在忙碌的現代生活中被隨手買下，迅速補充完熱量的畫面屢見不鮮。

燕麥片酥餅據說從17世紀初期就有了，除了本來就大同小異的燕麥棒以外，蘇格蘭鬆餅（→P.142）之類的甜點也曾被稱為FLAPJACKS，早期的燕麥片酥餅反而是指這一類的甜點。話雖如此，如今在英國幾乎聽不到這種說法，但是這個名稱卻還殘留在美國。因為美國依舊將英式鬆餅（→P.140）之類的甜點稱為燕麥片酥餅。

燕麥片酥餅的語源眾說紛紜，FLAP原本是「飛舞在半空中，用平底鍋接住」的意思。由此不難理解蘇格蘭鬆餅（→P.142）為什麼也叫燕麥片酥餅。

那麼，如今英國人一般認知中的燕麥片酥餅為何稱為FLAPJACKS呢？目前只知這種燕麥片酥餅是在20世紀以後才出現在文獻裡，至於細節則還不清楚。

燕麥片酥餅（26×19cm的烤盤1盤份）

〈基本的配方〉奶油：砂糖：燕麥片＝3：2：5＋轉化糖漿

材料
奶油 …… 90g
三溫糖 …… 60g
蜂蜜 …… 4大茶匙
燕麥片 …… 150g

作法

1 把奶油（分量另計）塗抹在烤盤上，鋪上烘焙紙。將烤箱預熱至180度。

2 把奶油、三溫糖、蜂蜜放進鍋子裡，開小火，煮到奶油融化後，把鍋子從爐火上移開，加入燕麥片，攪拌均勻。

3 把2倒進烤盤裡，將表面抹平，以180度的烤箱烤20分鐘。

4 從烤箱裡拿出來，放涼以後，切成適當的大小。

5 等到完全冷卻以後，邊切開邊從烤盤裡取出。

※趁著還有餘溫的時候下刀，會比較容易切開。

※原本使用轉化糖漿，但是在日本不容易買到，所以改用蜂蜜代替。

水果傻瓜
FOOL

任何人都會做的簡單甜點

●分類：冷藏點心　●享用場合：飯後甜點　●成分：鮮奶油＋水果

只用水果和鮮奶油製作，在英國是很常見的簡單甜點。將水果搗成泥，再與打發的鮮奶油混合攪拌均勻。傳統的作法都是用比較酸的水果來做，像是覆盆子、大黃等等，其中最常見的莫過於醋栗了。除此之外，也有很多人會再加入接骨木花釀（→P.223）。

近年來，也經常會使用熱帶水果來做，最具有代表性的當屬芒果。芒果入口即化的口感和濃郁的甘甜滋味與鮮奶油融合之後，會變得更加美味。因為在日本不容易買到醋栗，因此本書的作法改用芒果來製作。可以加入百香果，也可以加入少許熱帶水果的利口酒，享受各種口味上的變化。即使是同一種水果，甜度也各自不同，如果太酸的話，不妨加一點砂糖。放上手指餅乾再端上桌也不錯，可以換換口味，還可以讓這道甜點看起來更豪華。

話說回來，「水果傻瓜」還真是個不可思議的名字吧。原文的FOOL在英文是指「傻瓜」、「笨蛋」的意思。還以為之所以取這個名字，是因為簡單到任何人都會做，但事實並非如此。FOOL其實是從法文的「fouler」而來，相當於英文的「mash」，也就是「搗爛」的意思。從要把水果搗成泥這點來看，倒也不難理解。英國的甜點多半都是光看名稱無法想像是什麼東西，水果傻瓜正是其中之一。

問題是，早期的水果傻瓜——17世紀的水果傻瓜其實不含水果，而是使用卡士達醬（→P.216），據說還會用香料來為上述的卡士達醬（→P.216）增添風味。之所以不含水果，可能是因為當時的人認為水果生吃對健康不好。那麼這個時代的水果傻瓜究竟是從哪裡誕生的名稱呢？顯然還是因為任何人都能輕易地製作而來吧。

芒果傻瓜（3人份）

材料
鮮奶油 …… 100ml
芒果 …… 1個

作法
1 把芒果切成裝飾用的1cm小丁，共9個，剩下的用攪拌器等工具搗成果泥。
2 把鮮奶油倒進調理碗，打發到可以微微拉出立體的尖角。加入搗成泥的芒果，稍微攪拌一下。
3 把2倒進容器裡，放上切成1cm小丁的芒果，放進冰箱裡冷藏。

水果蛋糕
FRUIT CAKE

使用了大量水果的代表性蛋糕

●分類：蛋糕 ●享用場合：下午茶 ●成分：麵粉＋奶油＋砂糖＋蛋＋果乾

　　光是水果蛋糕這個名稱所包括的種類就多如繁星，像是風味濃郁多層次的丹第蛋糕（→P.76）、或是用來製作翻糖裝飾藝術（→P.192），妝點得精緻非凡的裝飾蛋糕的底座。以法國甜點而言，凡是加入果乾烘焙而成的蛋糕都算是水果蛋糕的一種。重點在於都會加入大量的果乾，但是各種水果蛋糕的外觀和口感則相去甚遠。

　　其中最具有代表性的水果蛋糕不外乎用來當成裝飾蛋糕的底座、分量十足、看起來黑黑的蛋糕，以及用所謂的磅蛋糕為基礎製作的蛋糕這兩種。後者如同磅蛋糕這個名稱所示，是用磅蛋糕的模型烘烤成形。

　　這些蛋糕的作法各有巧妙不同，有一開始就把砂糖加到奶油裡的糖油法、一開始先把奶油和麵粉混合攪拌均勻的粉油法，成品會依作法而異，一般家庭主要都是採用糖油法。即使是糖油法，也分成把全蛋打散來用的共同攪拌法、將蛋黃與蛋白分開來處理的個別攪拌法。以個別攪拌法為例，會先把蛋黃與蛋白分開，再把蛋白打發來用，所以會比共同攪拌法再多一道手續，也因此一般都採取共同攪拌法。

　　在本書裡，其他同類型的蛋糕皆以共同攪拌法製作，唯獨這款水果蛋糕刻意採用個別攪拌法。以下便為大家介紹在亞洲的夏天也很容易入口，清爽無負擔的水果蛋糕。

要用來製作翻糖裝飾藝術（→P.192）的水果蛋糕通常是黑色又沉甸甸的一塊蛋糕。

輕水果蛋糕（12×21.5cm的磅蛋糕模型1個份）

材料

低筋麵粉 …… 150g
泡打粉 …… 1又1/2小茶匙
奶油 …… 120g
砂糖 …… 100g
蛋 …… 3個
綜合果乾 …… 80g
糖漬櫻桃 …… 20g
蘭姆酒 …… 2大茶匙
香草精 …… 2～3滴

作法

1　將奶油置於室溫中，放軟備用。把奶油（分量另計）塗抹在模型裡，鋪上烘焙紙。將烤箱預熱至180度。

2　將糖漬櫻桃切成1/4，與綜合果乾一起放進調理碗，再倒入蘭姆酒，稍微攪拌一下。

3　將低筋麵粉和泡打粉混合並過篩。把蛋白和蛋黃分開，將蛋白打發。

4　把奶油放進調理碗，攪散到呈現柔滑細緻的乳霜狀。加入砂糖，混合攪拌均勻。一個一個地加入蛋黃，攪拌均勻。再加入過篩的粉類、香草精，攪拌均勻。加入打發的蛋白，整個攪拌均勻。連同湯汁把2全倒進去，攪拌均勻。

5　把麵糊倒入模型，將表面抹平，讓中央凹陷下去，以180度的烤箱烤40～50分鐘。

薑餅人
GINGERBREAD MEN

幽默討喜的外型讓人會心一笑

●分類：餅乾 ●享用場合：慶祝用甜點、下午茶
●成分：麵粉＋奶油＋砂糖＋蛋＋轉化糖漿＋乾薑粉

做成人形的餅乾（→P.24）。會被用來裝飾聖誕樹、當成禮物送人……這麼說或許比較容易理解吧。原本不只聖誕節，在復活節或萬聖節等節慶的季節都能看到這款餅乾。

顧名思義，薑餅人是款充滿了生薑風味的餅乾（→P.24），具有酥脆的口感。再加上以薑餅「人」為名，把這種餅乾做成人的形狀。薑餅與麥片薑汁鬆糕（→P.144）、蜂蜜蛋糕（→P.108）差不多，都是具有特殊風味的甜點。薑餅的歷史可以回溯到15世紀，而將餅乾（→P.24）塑造成不同的形狀據說是從16世紀開始，歷史上還留有伊莉莎白一世將生薑風味的餅乾（→P.24）送給重要貴賓的記錄。

本書為各位介紹的是比較簡單的作法，但是裹上巧克力或加入葡萄乾、糖霜做裝飾的薑餅人也很受歡迎。藉由上述的裝飾，可以創造出幽默風趣又五顏六色的表情。由此可見，薑餅人可以算是一種造型餅乾，很容易出現在說給小朋友聽的童話故事或熱門流行文化的主題裡。經常在電視節目及電影、流行音樂裡登場，也是基於這個原因吧。

話說回來，在德國會將這種同樣以生薑製作的造形餅乾（→P.24）稱之為德式薑餅（Lebkuchen），最常出現在聖誕節時期。比利時及荷蘭等地則稱為聖誕香料餅乾（Speculaas），是一種充滿香辛料風味的餅乾（→P.24）。現在一年四季都能吃到，但這些原本都是聖誕時節、12月上旬聖尼古拉斯節的傳統節慶餅乾。順帶一提，薑餅人用的模型比德式薑餅的圖案更細緻，做成聖尼古拉斯的人形是其典型。

薑餅人（長8cm的薑餅人模型30片份）

材料
低筋麵粉 …… 350g
泡打粉 …… 1又1/2小茶匙
乾薑粉 …… 1又1/2小茶匙
奶油 …… 75g
三溫糖 …… 150g
蛋 …… 1個
蜂蜜 …… 4大茶匙

作法
1 把烘焙紙鋪在烤盤上。將烤箱預熱至180度。
2 將低筋麵粉和泡打粉、乾薑粉混合並過篩。把蛋打散備用。將奶油切成適當的大小。
3 把2的粉類和奶油放進食物處理機，打碎到變成疏鬆的粉狀。
4 移到調理碗中，加入三溫糖攪拌均勻，在正中央壓出凹槽。
5 把蛋和蜂蜜倒進4的凹槽裡，把麵糊撥成一團。
6 把麵團擀成4mm厚，用長8cm的薑餅人模型切割出形狀。
7 並排在烤盤上，以180度的烤箱烤10～12分鐘。
　※原本使用轉化糖漿，但是在日本不容易買到，所以改用蜂蜜代替。

蜂蜜蛋糕
HONEY CAKE

加入蜂蜜烤得鬆鬆軟軟

●分類：蛋糕 ●享用場合：下午茶 ●成分：麵粉＋奶油＋砂糖＋蛋＋生薑＋香料

蜂蜜蛋糕涵蓋的範圍相當廣大，既是蛋糕，也是餅乾（→P.24），還可以是麵包，只要是使用了大量蜂蜜的甜點，都可以稱為蜂蜜蛋糕。話雖如此，多半是指用磅蛋糕模型烤成長條狀，或是用烤盤烤成蛋糕狀的甜點。本書的作法也是用烤盤烘烤而成。由於含有大量蜂蜜，風味會隨蜂蜜種類出現很大的變化。品嚐其風味的差異也別有一番樂趣。

英國人吃蜂蜜蛋糕的歷史已經長達好幾世紀了，目前也是坊間常見的甜點。然而，蜂蜜蛋糕並非是誕生於英國的甜點，而是起源自中東、埃及、古希臘或羅馬。如前所述，蜂蜜蛋糕涵蓋的範圍相當廣大，以英國為

例，加入紅糖（日本會換成三溫糖）或香料是固定的作法。

蜂蜜蛋糕與薑餅經常會被混為一談。都是以bread為名的一種蛋糕，使用了蜂蜜或糖蜜、再加入乾薑粉或薑汁是其特徵。事實上，外觀與風味也跟蜂蜜蛋糕大同小異。

薑餅人（→P.106）並不是蛋糕，而是餅乾（→P.24）。顧名思義，是指做成人形的餅乾（→P.24），與單純稱之為薑餅的甜點有所不同。除此之外，薑餅若再加上燕麥片就成了麥片薑汁鬆糕（→P.144）。像這樣研究有其共通之處的甜點也是一件很有意思的事。

蜂蜜蛋糕（21×21cm的烤盤模型1個份）

材料

低筋麵粉 …… 225g
泡打粉 …… 2小茶匙
乾薑粉 …… 1/2小茶匙
肉桂 …… 1/4小茶匙
肉荳蔻 …… 少許
奶油 …… 135g
三溫糖 …… 80g
蛋 …… 2個
蜂蜜 …… 80g
牛奶 …… 1～2大茶匙

作法

1 將奶油置於室溫中，放軟備用。把奶油（分量另計）塗抹在模型裡，鋪上烘焙紙。將烤箱預熱至180度。

2 將低筋麵粉和泡打粉、乾薑粉、肉桂、肉荳蔻混合並過篩。把蛋打散備用。

3 把奶油放進調理碗，攪散到呈現柔滑細緻的乳霜狀。加入三溫糖，混合攪拌均勻。分3次加入蛋液，攪拌均勻。加入蜂蜜，攪拌均勻。加入過篩的粉類，攪拌均勻。加入牛奶，攪拌均勻。

4 把麵糊倒入模型，將表面抹平，以180度的烤箱烤30分鐘。

5 放涼以後，切成適當的大小。

熱十字麵包
HOT CROSS BUNS

在復活節的時候吃的傳統英式甜點

●分類：發酵點心　●享用場合：慶祝用甜點、下午茶　●成分：發酵麵團＋香料＋果乾＋配料

表面的十字紋路令人印象深刻。這個十字象徵耶穌的受難，是英國人傳統上在復活節的前一個星期五，亦即基督受難日的神聖星期五要吃的甜點。話雖如此，現在不只是包括神聖星期五在內的復活節期間，平常也能吃到。有個迷信的傳說是，熱十字麵包不是用來吃的，而是當成幸運物使用。只要一直放到明年的神聖星期五，過程中都沒有發黴，就能得到好運。

雀兒喜麵包（→P.46）很容易跟熱十字麵包搞混。雀兒喜麵包誕生自倫敦・雀兒喜的「Chelsea Buns House」。18世紀，這家店也提供熱十字麵包，每年到了復活節的季節都會湧入大批的人潮。

按照現在的製作方法，表面的十字多半都是使用麵粉和水製成，以前則是以鬆脆酥皮（→P.214）製作。另外，本書的作法還會把三溫糖和水溶解做成糖霜，為表面製造出光澤感，也可以改用蜂蜜或杏桃果醬。

鵝媽媽的童謠（Nursery Rhymes）裡，熱十字麵包也是以「HOT CROSS BUNS」知名出現。可見熱十字麵包果真是英國人生活中俯拾皆是的甜點。

熱十字麵包（12個份）

材料

高筋麵粉 …… 450g
速發乾酵母 …… 1又1/2小茶匙
鹽 …… 1/2小茶匙
砂糖 …… 1大茶匙
奶油 …… 50g
牛奶 …… 100ml
水 …… 100ml
蛋 …… 1個
果乾（葡萄乾、淡黃色無子葡萄乾、
　　無子小葡萄乾、綜合水果皮等
　　混合而成）…… 75g
牙買加胡椒 …… 2小茶匙
配料
　低筋麵粉 …… 4大茶匙
　砂糖 …… 4大茶匙
　水 …… 1大茶匙
糖霜
　三溫糖 …… 1大茶匙
　水 …… 1/2大茶匙

作法

1 把奶油（分量另計）塗抹在調理碗裡。將高筋麵粉、鹽、牙買加胡椒混合並過篩。把速發乾酵母和砂糖混合攪拌均勻。將奶油切成適當的大小。把蛋打散備用。把牛奶和水倒在一起，加熱到人體皮膚的溫度。

2 把1的粉類和奶油放進食物處理機，打碎到變成疏鬆的粉狀。

3 移到調理碗中，加入拌勻的速發乾酵母和砂糖，攪拌均勻。在正中央壓出凹槽，加入蛋液、加熱好的牛奶和水。

4 揉5～10分鐘，直到出現彈性，表面變得光滑為止。當麵團不再鬆散之後，再加入果乾。

5 移到塗上奶油的調理碗裡，放在溫暖的場所發酵1小時。

6 把濕毛巾放在烤盤上。

7 揉捏麵團（擠出空氣），切成12等分，各自揉成圓形，放在濕毛巾上，再用濕毛巾蓋住，靜置10分鐘。

8 輕輕地在麵團表面劃下十字刀痕。

9 放在溫暖的場所發酵30分鐘。

10 將烤箱預熱至200度。把烘焙紙鋪在烤盤上。

11 製作配料。把所有的材料充分攪拌均勻，裝進擠花袋裡。

12 把配料擠在麵團表面的十字上，以200度的烤箱烤15分鐘。

13 製作糖霜。把材料充分攪拌均勻。

14 烤好後，趁熱塗上糖霜。

冰淇淋
ICE CREAM

長達好幾個世紀都受到喜愛

● 分類：冷藏點心　● 享用場合：點心、飯後甜點　● 成分：鮮奶油＋砂糖＋蛋

冰淇淋的歷史十分悠久，舊約聖經裡還保留著最古老的記錄。不過那是比較接近雪酪或刨冰的東西，現在的冰淇淋原型在16世紀中葉的義大利登場。在那之後，義大利佛羅倫斯梅第奇家族的凱薩琳（Catherine）嫁給法國的奧爾良公爵，甜點師傅與專任的廚師們也一起隨行，以此為契機將冰淇淋帶到法國。

冰淇淋再次橫渡大海，傳到英國則是在17世紀的時候。一如冰淇淋被帶到法國那樣，將冰淇淋傳到英國的人也與梅第奇家族有很深的關係。據說是凱薩琳的孫女海莉耶塔（Henrieta）與查爾斯一世結婚之際，與其祖母凱薩琳一樣，帶著冰淇淋甜點師一起嫁到英國。在海莉耶塔的穿針引線下，查爾斯一世深深地愛上了冰淇淋，還設計出各式各樣的冰淇淋。

如此這般，傳到英國的冰淇淋在18世紀初期還推出了食譜。不只是原味的冰淇淋大行其道，也出現水果等各種不同的口味，其中還有用黑麵包，亦即全麥麵包製作的冰淇淋，在維多利亞王朝大受歡迎。本書為大家介紹的是仿照黑麵包的作法，使用了麵包粉的冰淇淋。先把麵包粉烤過，藉此帶出有如黑麵包的焦香氣味。

對了，19世紀的倫敦街頭到處都是冰淇淋的攤販，那些攤販主要是由英國移民開的。冰淇淋在當時被暱稱為「hokey pokey」，這是從「O,che peco（義大利文「好小！好便宜」的意思）」，或是「Ecco un pocp（義大利文「來一點吧」的意思）」衍生出來的詞彙。現在比較常看到的是小貨車（美式英文為truck）而非路邊攤，邊開車移動，邊賣冰淇淋。無論時代如何演變，冰淇淋的人氣依舊不動如山。

麵包粉的冰淇淋（6人份）

材料

麵包粉 …… 50g
鮮奶油 …… 200ml
三溫糖 …… 35g
蛋 …… 1個
香草精 …… 2～3滴

作法

1 把烘焙紙鋪在烤盤上。將烤箱預熱至150度。

2 把麵包粉撒在烤盤上，以150度的烤箱烤10分鐘，烤到呈現淡淡的金黃色後，用手把麵包粉搓合成小粒。

3 把蛋白和蛋黃分開。將蛋白打發，分幾次加入三溫糖，繼續把蛋白打發到可以拉出立體的尖角。再把香草精加到蛋黃裡，攪拌均勻。

4 把鮮奶油打到半濕半乾的狀態。

5 分4～5次把鮮奶油加到蛋黃裡，攪拌均勻。再加入麵包粉和打發的蛋白，整個攪拌均勻。

6 放進冰箱裡，使其冷凝固定。靜置1～2小時後再拿出來，用打蛋器攪拌，再放回冰箱裡。

果醬塔
JAM TARTS

簡單到就連小朋友
也會做的甜點

●分類：塔　●享用場合：下午茶
●成分：鬆脆酥皮＋果醬

　　用手邊現有的少量材料製作的小塔。夾心只有果醬，所以不用擔心會失敗，是英國小朋友最早學會做的甜點之一。本書的作法使用了草莓、覆盆子、杏桃的果醬，也可以改用藍莓或蘋果等其他喜歡的果醬或橘皮果醬。塔皮是以鬆脆酥皮（→P.214）來做。不用特地製作果醬塔的塔皮，只要利用製作蘋果派（→P.10）或貝克維爾塔（→P.12）時剩下的麵團即可，如果沒有馬上要用，可以先行冷凍，要用的時候再拿出來解凍。

果醬塔
（直徑6cm的塔模12個份）

材料
鬆脆酥皮（→P.214）…… 300g
果醬（草莓、覆盆子、杏桃等）
　…… 適量（每個果醬塔約1小茶匙）

作法
1　製作鬆脆酥皮（→P.214）。把奶油（分量另計）塗抹在塔模裡。將烤箱預熱至180度。
2　將鬆脆酥皮擀成2mm厚，用直徑7.5cm的菊花模型切壓出形狀。
3　鋪在模型裡，每個放上1小茶匙的果醬。
4　以180度的烤箱烤20分鐘。

市集、後車廂
露天二手市集&
美食活動

　英國經常會舉辦市集活動，從大規模的市集到小而美的市集應有盡有。農夫市集一如其名，聚集了鄰近的農家。除了有新鮮的蔬菜及水果、肉類，還有起司及香腸、麵包等加工食品，一應俱全。還能買到當場就可以吃的零食及湯、甜點等等。擠滿了為尋找新鮮的食材及以愛情細心製作的食品的人潮，光看不買也很開心。

　農夫市集乍聽之下，可能會讓人直覺想到鄉下地方，但是近年來即使在倫敦的市中心，也有愈來愈多的農夫市集。很多地方都是利用一點微不足道的空間，例如一條羊腸小徑就開起了市集，所以場地都不大，一下子就可以逛完了。農夫市集舉行的日子會在周圍掛出一看就知道在幹嘛的招牌或布條，所以一旦看到，不妨抱著輕鬆的心情過去看看。

　不只食材，將焦點鎖定在吃本身的街頭美食市集似乎也正逐漸擴大其規模。以英國傳統的零食為首，義大利、埃及料理等世界各國的街頭美食齊聚一堂。以正餐居多，但是也林立著咖啡及鮮果汁、麵包及甜點等等的餐車。價格多半都很便宜，所以會讓人這個也想吃一點、那個也想嚐一口。

1 倫敦的市中心也會舉辦農夫市集。
2 市集裡也有手工甜點的攤位。 3 人聲鼎沸的街頭美食市集。 4 倫敦的波若市集如今已然成為一大觀光景點。
5 陳列在波若市集裡，很適合買來解饞的蛋糕類。

1 波若市集也有販賣松露巧克力的攤位。 2 還有在日本不容易看到的阿拉伯風味甜點。攝於波若市集。 3 在波托貝羅市集裡也能看到甜點的餐車。 4 後車廂露天二手市集裡擠滿了前來尋寶的人。 5 在後車廂露天二手市集還能買到可愛的餅乾模型，實惠的價格也很吸引人。

在市集裡散步

英國是各種市集的寶庫，還有專門賣吃的市集。美食市集中最有名的，當屬位於倫敦的波若市集／Borough Market。不只是英國，還有來自法國及義大利等歐洲各國的食材，應有盡有，如今已是倫敦首屈一指的觀光勝地。市集附近分布著甜點店、起司店、咖啡廳等等，東逛逛西逛逛，時間轉眼之間就過去了。建議最好預留充分一點的時間來逛。

在英國，一提到市集，就會想到古董。倫敦有位於諾丁丘的波托貝羅市集、位於利物浦街的舊斯皮塔佛德市場等很有名的市集，可以在這些市集找到古樸的餐具或廚房用品，這些市集也都會擺出讓人墊墊肚子的甜點或麵包的餐車。

以尋寶的心情來逛

後車廂露天二手市集是英國特有的市集。有如跳蚤市場般，其中也有專業的賣家，但通常是由一般人販賣家裡不要的東西，是非常隨興的市集。賣家會驅車前往定點，把後車廂當成商品的陳列架叫賣，因此稱之為後車廂露天二手市集。一般是利用郊外或鄉下廣大的牧草地及廣場來辦，如果是市區的話，則是利用對外開放的學校，多半在週末舉行。

在這種後車廂露天二手市集裡找到的貨色多半良莠不齊，其中有派不上用場的雜物，但也不乏沉睡的寶貝。有很多廚房用品和餐具，裡頭或許也有高級的產品，可以一窺尋常家庭的模樣，非常有趣。有些個人販賣的東西可能是已經不要的東西，可以用非常便宜的價格買到。

其中也有吸引許多專業買家前往競標的後車廂露天二手市集。因此在市中心舉辦的後車廂露天二手市集會分成早上是針對專業買家的時間，中午以後才是給一般人閒逛的時間，入場費也會隨之變動。雖說要入

場費，但也不貴。想當然耳，針對一般人的入場費很便宜。如果目標是要和專業人士一起競標的話，請早一點到；如果是以玩樂為目的，不妨晚一點再去。

這些市集的舉辦日會依商品而異，有的是週末，有的是在平日固定星期幾開。建議先用「market」之類的單字搜尋，在網站上確認過時間地點後再出門，比較不會撲空。

美食展及活動

食物在英國具有強烈的娛樂要素，打開電視，連續幾天都在播放相關的節目。這麼注重飲食的英國，自然也會舉辦各種美食活動，例如「BBC Good Food Show」就是從倫敦為首，在格拉斯哥及伯明罕等地方都市每年舉辦兩次的美食展，生產者及食品廠商、食材店、廚房用品廠商等都會齊聚一堂。

近年來，由於愈來愈多人投入甜點的製作，甚至還特別設置了專用的展區。由知名大廚現場實際展現廚藝，可以近距離觀摩到專業的技術。除此之外，也會舉辦各種獨具巧思的課程，成為美食展的重頭戲。像這樣的美食展通要購買門票才能進場。網路上就能輕鬆預約，因此只要時間兜得上，不妨去躬逢其盛一下。

另外，英國各地也會舉行大大小小的美食活動，像是一手拿著裝有英式鬆餅（→P.140）的平底鍋賽跑的鬆餅賽跑等傳統活動，以及在收割季節為了促進地方發展而舉辦的美食活動。在這一類的活動上，可以邂逅到各種當地才有的特產，令人充滿興趣。

6 在古董市集發現了令人懷念的Biscuit Barrel（用來保存餅乾的罐子）。 7 也有在大型的會場裡舉行的美食展。 8 美食展的烘焙單元非常受歡迎。 9 由知名大廚現場實際展現廚藝的演出是美食展的重頭戲。 10 在美食展可以買到色調非常美麗柔和的蛋白霜脆餅（→P.128）。

豬油蛋糕
LARDY CAKE

使用了豬油的風味非常濃郁

●分類：發酵點心　●享用場合：下午茶、慶祝用甜點　●地區：英格蘭
●成分：發酵麵團＋豬油＋砂糖＋果乾

　　各位或許對用豬油來做的西式點心沒什麼概念也說不定，豬油蛋糕是傳統的下午茶甜點，受到英國人舉國上下的喜愛。除了豬油，還加入砂糖及果乾，是很豪華的蛋糕。只不過，每個地區的豬油蛋糕會有點不太一樣，也有不使用果乾的作法。

　　從使用豬油這點可以看出是從英格蘭養豬業盛行的地區——漢普郡、格拉斯特郡、威爾特郡等地開始流行起來。如今已是經常拿來配茶的點心，但據說原本只有在特別的場合，例如收成或家有喜事的時候才會烤來吃。同時也因為以前很昂貴的砂糖變得便宜，人們開始追求更甜美的食物。雖然人們已經傾向於追求更高級的東西，但豬油蛋糕原本的目的是為了久放。當時一個禮拜只能用一次烤箱，甚至也有兩個禮拜一次的情形，所以為了放久也不會乾掉、還能保持美味，也就必須用到豬油。

　　豬油蛋糕是用發酵麵團製作的麵包甜點，在做的過程中如果多折幾次麵團，還能做出如同派般多層次的口感。因為空氣會含在那些層次裡，所以口感很輕盈。再加上使用了豬油，烤得脆脆的外層就像餅乾一樣。砂糖會從表面的紋路跑出來，在送進烤箱烘烤的過程中焦糖化，香氣四溢，甘甜好吃。會隨著吃到的地方不同產生不同的風味，是一種很有意思的甜點。

豬油蛋糕（26×19cm的烤盤1盤份）

材料
高筋麵粉 …… 325g
速發乾酵母 …… 1小茶匙
鹽 …… 1/2小茶匙
砂糖 …… 1/2小茶匙＋80g
水 …… 200ml
豬油 …… 80g
奶油 …… 15g
葡萄乾 …… 100g
綜合果乾 …… 50g

作法
1　把奶油（分量另計）塗抹在大一點的調理碗裡。將高筋麵粉和鹽混合並過篩。將速發乾酵母和1/2小茶匙的砂糖拌勻。把水加熱到人體皮膚溫度。

2　把攪拌均勻的速發乾酵母和砂糖加到1的過篩粉類裡拌勻，在正中央壓出凹槽，倒入加熱過的水。

3　揉10分鐘，直到出現彈性，表面變得光滑為止。

4　移到塗上奶油的調理碗中，放在溫暖的場所發酵1小時。

5　把奶油切成適當的大小，將80g砂糖、豬油、葡萄乾、綜合果乾混合攪拌均勻。把奶油（分量另計）塗抹在烤盤上。

6　把高筋麵粉（分量另計）撒在作業台和擀麵棍上，取出麵團，揉捏（擠出空氣），再擀成5mm厚的長方形。

7　把3分之1的5放在6上，折三折，90度旋轉，用擀麵棍擀成長方形。重複3次以上的作業。

8　把折好的面朝下，放在烤盤上，放在溫暖的場所發酵30分鐘。將烤箱預熱至200度。

9　用刀子在麵團表面淺淺地劃上格子狀的刀痕，以200度的烤箱烤30分鐘。

檸檬糖霜磅蛋糕
LEMON DRIZZLE CAKE

檸檬的清爽酸味與甜味很美好

●分類：蛋糕 ●享用場合：下午茶 ●成分：麵粉＋奶油＋砂糖＋蛋＋檸檬

一提到以檸檬為名的蛋糕，通常會想到日本昭和時代的蛋糕店賣的那種檸檬形狀的蛋糕，但現在介紹的並不是那一種。這款檸檬糖霜磅蛋糕與那種檸檬蛋糕大異其趣。「drizzle」是「滴落（動詞）」「水滴（名詞）」的意思。顧名思義，要在烤好的蛋糕上淋上一層彷彿要滴落、充滿檸檬風味的糖霜。紮實的甘甜與檸檬的酸味令人心曠神怡，絕不是款輕盈簡單的蛋糕，但是因為其清爽的風味，讓人覺得似乎再多也吃得下。夏天——尤其是像日本這種又濕又熱的夏天，很容易下意識地拒烘焙點心於千里之外，像這種時候來片檸檬糖霜磅蛋糕也不錯。

檸檬糖霜磅蛋糕是英國人偏愛的古典蛋糕之一，可以說是百分之百會出現在下午茶的菜單的一個品項，調查英國人喜歡的蛋糕時，也一定會名列前茅，是老少咸宜的甜點，也經常出現在學校的義賣會上。會在做好的蛋糕上淋上滿滿的檸檬糖漿，相較於英國的蛋糕通常都乾巴巴的，比較接近濕潤的口感。

單就配方而言，法國甜點的蛋糕，尤其是所謂的磅蛋糕多半都是以維多利亞三明治蛋糕（→P.206）為基礎再加以變化，檸檬糖霜磅蛋糕在這點上也不遑多讓，蛋糕本身的作法幾乎一模一樣。因此屬於在家裡也可以輕鬆製作的甜點。只要讓蛋糕吸飽糖漿，靜置使其入味即可。做好以後不要馬上吃，放一個晚上會更好吃。

檸檬糖霜磅蛋糕（12×21.5cm的磅蛋糕模型1個份）

材料
低筋麵粉 …… 175g
泡打粉 …… 1又1/2小茶匙
奶油 …… 90g
三溫糖 …… 150g
蛋 …… 2個
牛奶 …… 6大茶匙
磨碎的檸檬皮 …… 1個份
檸檬皮 …… 10g
糖霜
　檸檬汁 …… 3大茶匙
　三溫糖 …… 80g

作法
1　將奶油置於室溫中，放軟備用。把奶油（分量另計）塗抹在模型裡，鋪上烘焙紙。將烤箱預熱至180度。
2　將低筋麵粉和泡打粉混合並過篩。把蛋打散備用。將1整顆檸檬的皮磨碎。
3　把奶油放進調理碗，攪散到呈現柔滑細緻的乳霜狀。加入三溫糖，混合攪拌均勻。再加入少許過篩的粉類，稍微攪拌一下。分3次加入蛋液，攪拌均勻。加入剩下的已過篩粉類，大致攪拌均勻。再加入牛奶和磨碎的檸檬皮，攪拌均勻。
4　把麵糊倒入模型，將表面抹平，讓中央凹陷下去，以180度的烤箱烤40～50分鐘。
5　製作糖霜。把檸檬汁擠出來，加入三溫糖，充分攪拌均勻。
6　蛋糕烤好後，趁熱淋上糖霜。
7　把10g的檸檬皮切成細絲，裝飾在表面上。

蛋白霜檸檬派
LEMON MERINGUE PIE

清爽的檸檬酸味是其最大的醍醐味

━━━━━━━━━━━━━━━━━━━━━━━━━━━━━━━━━━━

●分類：派 ●享用場合：飯後甜點 ●成分：鬆脆酥皮＋檸檬奶油＋蛋白霜

英國的甜點店一定會有的招牌點心。是以酥酥脆脆的鬆脆酥皮（→P.214）為基底，夾入酸味清爽迷人的檸檬奶油夾心，再放上輕輕柔柔的蛋白霜（→P.128）的派，具有輕盈爽口的甜度與口感。

追溯蛋白霜檸檬派的源頭可以回溯到中世紀，當時已經有用檸檬風味的奶油做成的派。然而像今天這種把蛋白霜（→P.128）放在上面的蛋白霜檸檬派一直到19世紀才成形。

蛋白霜檸檬派如今已是相當普遍的甜點之一，但是其知名度直到1950年代才真正打開來。那是第二次世界大戰結束，經歷過配給的時代，好不容易可以自由買到砂糖及檸檬、蛋以後的事。

夾心的檸檬奶油經常被當成檸檬凝乳介紹。檸檬凝乳的用法就像是果醬或橘皮果醬那樣，將它塗在吐司上來吃，在英國經常可以買到瓶裝的檸檬凝乳。若用一般的檸檬凝乳來製作這種派，味道會太甜，感覺有點過於厚重，所以本書介紹的是比檸檬凝乳更清爽的夾心。

覆蓋在上頭的蛋白霜（→P.128）可以用擠花袋擠得工整又漂亮，但是直接在表面抹上一層蛋白霜（→P.128），做成比較不拘小節的模樣，比較像是會在家裡或鄉下的茶館看到的蛋白霜檸檬派，充滿英式甜點的風情。

━━━━━━━━━━━━━━━━━━━━━━━━━━━━━━━━━━━

蛋白霜檸檬派（直徑18cm的派模1個份）

材料
鬆脆酥皮（→P.214）…… 225g
檸檬 …… 2個
蛋 …… 2個
砂糖 …… 60g＋60g
玉米澱粉 …… 35g
水 …… 275ml

作法
1 製作鬆脆酥皮，放在冰箱裡備用（→P.214）。
2 將烤箱預熱至200度。把奶油（分量另計）塗抹在派模裡。
3 將鬆脆酥皮擀成2mm厚，鋪在派模裡，切除多餘的部分。用叉子在上頭戳洞，放進冰箱冷藏20分鐘。
4 將烘焙紙鋪在3裡，放上重石，以200度的烤箱烤20分鐘。時間到拿出來，取出烘焙紙和重石，再烤5分鐘。
5 製作夾心。把蛋黃和蛋白分開，檸檬削皮，擠出檸檬汁。
6 把檸檬皮和檸檬汁、水倒進鍋子裡，開中火，煮到沸騰，加入過篩的玉米澱粉，轉小火。過程中要不停地攪拌，煮到帶點黏性，再加入蛋黃和60g的砂糖。煮到開始冒泡以後，整鍋從爐子上移到散熱架上，放涼。
7 將烤箱預熱至150度。
8 製作蛋白霜。把蛋白打發，一點一點地加入60g砂糖，繼續打發到可以拉出直立的尖角。
9 把6的夾心加到4裡，再放上蛋白霜，將表面抹平，用抹刀在上頭隨心所欲地塗抹出花紋。
10 以150度的烤箱烤15分鐘。

馬德拉蛋糕
MADEIRA CAKE

馬德拉葡萄酒的好伙伴

●分類：蛋糕 ●享用場合：下午茶 ●成分：麵粉＋奶油＋砂糖＋蛋＋檸檬

波爾多葡萄酒也好，雪莉酒也罷，歐洲酒的產地有很多都跟英國關係匪淺，馬德拉也是其中之一。漂浮在北大西洋上的馬德拉群島是隸屬於葡萄牙的自治區，同時也是赫赫有名的葡萄酒產地，以地名取名為馬德拉葡萄酒。馬德拉葡萄酒與雪莉酒、波特葡萄酒同屬烈酒（fortified wine），在英國非常受歡迎，尤其18～19世紀可以說是獨領風騷。

既然如此，可能會以為馬德拉蛋糕是使用了馬德拉葡萄酒，或是受到馬德拉當地甜點影響的蛋糕，但其實以上皆非。馬德拉蛋糕是在英國土生土長的甜點。只是因為與馬德拉葡萄酒很對味，才取名為馬德拉蛋糕，然後在19世紀風靡了大街小巷。

馬德拉蛋糕的麵粉比例比維多利亞三明治蛋糕（→P.206）或海綿蛋糕（→P.215）高，因此剛出爐的時候口感比較乾，但是隨著時間經過會變得愈來愈濕潤。以前會以檸檬增添風味，現在則有加入葛縷子或肉桂等食材的作法。

吃的時候搭配的飲料當然是馬德拉葡萄酒，同屬烈酒的波特葡萄酒也很對味。如果是在飯後享用，也可以搭配餐後葡萄酒、威士忌或白蘭地。當然也可以當成下午茶的點心，與紅茶也很對味。但比起較為直接的口味，英國風味的奶茶會更適合。搭配深焙咖啡一起吃也不錯。

馬德拉蛋糕（直徑18cm的圓型烤模1個份）

材料
低筋麵粉 …… 275g
泡打粉 …… 2又1/2小茶匙
奶油 …… 145g
砂糖 …… 145g
蛋 …… 4個
磨碎的檸檬皮 …… 1個份
檸檬汁 …… 3大茶匙

作法

1 將奶油置於室溫中，放軟備用。把奶油（分量另計）塗抹在模型裡，鋪上烘焙紙。將烤箱預熱至180度。

2 將低筋麵粉和泡打粉混合並過篩。把蛋打散備用。將檸檬皮磨碎，擠出檸檬汁。

3 把奶油放進調理碗，攪散到呈現柔滑細緻的乳霜狀。加入砂糖，混合攪拌均勻。再加入少許過篩的粉類，稍微攪拌一下，分3次加入蛋液，攪拌均勻。加入剩下的已過篩粉類，稍微攪拌一下。再加入磨碎的檸檬皮和檸檬汁，攪拌均勻。

4 把麵糊倒入模型，將表面抹平，以180度的烤箱烤1小時。

英式蛋塔

MAIDS OF HONOUR

與亨利八世有淵源的甜點

●分類：派類點心 ●享用場合：下午茶 ●地區：英格蘭・里奇蒙・薩里郡・基尤
●成分：千層酥皮＋起司夾心

猛一看可能會讓人想起1999年前後在日本風靡一時的甜點——葡式蛋塔（Pastel de Nata／Pastel de Belém）。以層層酥脆的千層酥皮、黃色夾心烤成金黃色的樣子的確也長得很像葡式蛋塔，但英式蛋塔與葡式蛋塔的夾心完全不一樣，葡式蛋塔的夾心是卡士達醬，英式蛋塔的夾心則是以起司為基底的夾心，甜度非常溫和。

英式蛋塔的名稱Maids of Honour是「侍女們」的意思。關於英式蛋塔的誕生眾說紛紜，但是與亨利八世關係匪淺這點是可以確定的。相傳當時住在里奇蒙宮的亨利八世撞見侍女們正在吃點心的樣子，自己也想吃，結果一吃之下就上癮，於是便將這道甜點命名為「侍女們」，也就是Maids of Honour。還有一說是其中一個侍女安・寶琳後來成為亨利八世的第二任妻子，並為他做這道甜點，後人為了對這件事表示敬意，便為英式蛋塔取了這個名字。除此之外，也流傳著亨利八世軟禁了製作這道甜點的侍女，規定她只能為自己製作英式蛋塔的故事。

由於英式蛋塔的作法不傳外人，因此長久以來都是最高機密，但是進入18世紀後，卻被鄰居的麵包店知道了。得知那道祕密作法的店至今仍開在倫敦郊外的裘園附近，店名就叫「Original Maids of Honour」，除了外帶以外，也能在附設的茶館裡享用。

英式蛋塔本來是用凝乳起司製作，但是這種起司在日本並不普遍，所以本書改用卡特基起司來代替凝乳起司。若起司凝結成塊狀，看是要撥碎還是研磨來用都可以。

英式蛋塔（直徑6cm的塔模12個份）

材料

千層酥皮（→P.214）…… 約250g
夾心
　卡特基起司 …… 100g
　奶油 …… 30g
　杏仁粉 …… 25g
　砂糖 …… 1大茶匙
　蛋 …… 1個
　磨碎的檸檬皮 …… 1個份
　檸檬汁 …… 1大茶匙

作法

1 製作千層酥皮，放在冰箱裡冷藏備用（→P.214）。將卡特基起司和奶油置於室溫中，放軟備用。把奶油（分量另計）塗抹在模型裡。將烤箱預熱至200度。

2 製作夾心。把檸檬皮磨碎，擠出檸檬汁。把蛋打散備用。把所有夾心的材料倒進調理碗，混合攪拌到柔滑細緻為止。

3 將千層酥皮擀成2mm厚，用直徑7.5cm的菊花模型切壓出形狀。

4 把千層酥皮鋪在模型裡，加入夾心。

5 以200度的烤箱烤25分鐘。
　※原本使用凝乳起司，但是在日本不容易買到，所以改用卡特基起司來代替。

蛋白霜脆餅
MERINGUE

把蛋白與砂糖打發到輕柔膨鬆

●分類：烘焙點心等　●享用場合：下午茶、飯後甜點、原料　●成分：蛋白＋砂糖

把蛋白打發後，蛋白會含有大量的空氣，能增加分量，還會變得輕柔膨鬆。利用這種性質，而且為了讓泡沫不容易消泡，紋理更加細緻，還會再加入砂糖，做成蛋白霜。蛋白霜的原文MERINGUE指涉的範圍極廣，把蛋白與砂糖打到發泡狀態的蛋白霜可以這麼稱呼，而把蛋白霜放進烤箱裡烤好後完成的蛋白霜脆餅也叫這個名稱。

蛋白霜大致可以分成法式蛋白霜、瑞士蛋白霜、義式蛋白霜等三種。最常見的蛋白霜是法式蛋白霜，一面把砂糖加到蛋白裡，一面打發成蛋白霜。瑞士蛋白霜是邊把蛋白和砂糖隔水加熱邊打發，用來製作蛋糕上的裝飾。義式蛋白霜則是把煮到濃稠的糖漿加到打發的蛋白裡。一般家庭用的蛋白霜以法式蛋白霜占了壓倒性的多數。本書為大家介紹的也是用這種蛋白霜做成小巧的甜點，亦即法國人口中的花式小蛋糕（petit four），一口大小的迷你蛋白霜脆餅。

在英國，到處都可以看到蛋白霜甜點，光是本書介紹的就有伊頓混亂（→P.86）、帕芙洛娃（→P.146）、蛋白霜檸檬派（→P.122）。

蛋白霜這個單字最早出現在英國的文獻上是1706年的時候。不過，以前也介紹過這個手法本身，當時是以糖膨化（Sugar Puff）來指稱。

蛋白霜究竟是從何時？從哪裡？登上歷史舞台的呢？目前尚未有個定論，有一說是義大利的廚師在瑞士的邁林根（英文為Meiringen）開始販賣這道甜點，另一說是與拿破崙打敗奧地利軍隊的地點——義大利的馬倫哥有關，還有一說是源自於由稱之為Marzynka的打發蛋白和砂糖混合而成的波蘭甜點，存在著各式各樣的說法。

迷你蛋白霜脆餅（8個份）

〈基本的配方〉※以法式蛋白霜為例
蛋白：砂糖＝1個份：2盎司（50～60g）

材料
蛋白 …… 1個份
砂糖 …… 55g
鮮奶油 …… 50ml

作法
1 把烘焙紙鋪在烤盤上。將烤箱預熱至100度。
2 把蛋白倒進調理碗，打發，分幾次加入砂糖，繼續打發到可以拉出直立的尖角。
3 把2的蛋白霜裝進擠花袋裡，在事先準備好的烤盤上擠出直徑3.5cm的漩渦狀，以100度的烤箱烤1小時。
4 確定烤到表面凝固後，關火，繼續放在烤箱裡達2小時以上。
5 把鮮奶油打發到可以拉出柔軟的尖角，夾進4的蛋白霜脆餅裡。

百果餡派
MINCE PIES

從聖誕節那天開始連吃12個就能得到幸福

●分類：派　●享用場合：慶祝用甜點　●成分：鬆脆酥皮＋內餡

與聖誕布丁（→P.58）齊名，是為英國的聖誕節增色的甜點之一。為塞滿了被稱為MINCEMEAT的內餡（→P.133），用果乾及香料製成的派，相較於聖誕布丁（→P.58）是在聖誕節當天為正餐畫下句點的時候享用，整個聖誕期間都能吃到百果餡派。比照耶穌的12門徒做成12個，相傳從聖誕節到1月5日之間每天吃一個，就能得到幸福。今時今日應該沒多少人還會照著做，但百果餡派依舊是在聖誕節期間享用的甜點。

百果餡派是長達好幾個世紀都令人愛不釋手的甜點。最常見的是做成圓形，兩三口就能吃掉的小小一個，原本其實是做成橢圓形，據說是用來代表耶穌基督降生時使用的馬槽。然而，17世紀清教徒革命之際禁止慶祝聖誕節，為了不讓人聯想到與聖誕節或與耶穌基督有關，改做成圓形，而且刻意做得小小的，以免被士兵發現。

主流作法是上層也要覆蓋麵團，做成雙層派皮（→P.215），為表面劃出紋路。但是也有不再覆蓋麵團，或者是放上切割成樹狀或星形的麵團。自2000年左右起大量出現在市面上，博得好評，如今已深入英國人的日常生活中。

不只外觀講究，到處都可以看到對味道下了很多工夫的作法，像是用上大量蔓越莓或堅果製成的內餡（→P.133）、或是在麵團裡加入杏仁粉，製造出濃郁的風味等等，幾乎每年都會推出新的作法。雖然是小東西，卻能確實感受到時代的變化。

百果餡派可以自己做，也可以在百貨公司或超級市場買到，再加上體積不大，是很方便的小點心，因此在聖誕節商機炒得沸沸揚揚的市場上會和香甜熱酒（以香料增添風味的熱葡萄酒）擺在一起放在店頭販賣。這也是聖誕節特有的風景。

另一方面，倒數日曆也是英國人在聖誕節很熟悉的商品，以上頭有24個小窗戶為主流，從12月1日到聖誕節之間，每天打開一扇窗，窗戶裡有巧克力等甜點或小禮物，由此可見孩子們是多麼引頸期盼聖誕節的來臨，從這款倒數日曆就可以感受到孩子們興

迷你百果餡派（直徑4cm的派40個份）

材料

鬆脆酥皮（→P.214）…… 約300g
內餡（→P.133）…… 200g
　（每個約5g）

作法

1　製作鬆脆酥皮（→P.214）。製作內餡（→P.133）。把奶油（分量另計）塗抹在模型裡。將烤箱預熱至200度。
2　將鬆脆酥皮擀成1.5mm厚，用直徑6cm的菊花模型切壓出形狀，再用直徑4cm的圓形餅乾模切割出幾塊備用。
3　把切成菊花形狀的鬆脆酥皮鋪在模型裡，每個放上5g的內餡，再選幾個放上切割成圓形的麵團。
4　以200度的烤箱烤12分鐘。

奮雀躍的心情。在日本的舶來品雜貨店裡，每到聖誕季節也可以看到這項商品，所以應該有很多人看過吧。

每逢這個季節，塗抹上漂亮糖霜的餅乾（→P.24）和薑餅人（→P.106）也會出現在市面上，可以用來裝飾聖誕樹，或者是吃吃氣氛。薑餅人（→P.106）是把散發著濃郁香料氣味的餅乾（→P.24）做成人的形狀。不只是上述的英式甜點，水果麵包也好、香料麵包也罷，使用了大量香料或果乾的甜點都會出現在聖誕節的餐桌上，是歐洲人共同的記憶。

每逢聖誕季節，市集裡就會出現百果餡派的攤位。

附帶一提，英國的聖誕節會在25日與隔天的26日到達高潮。平安夜就只是聖誕節的前一天。12月25日與26日這兩天，大眾運輸工具不是比照假日班次行駛，就是全部休息。26日稱為節禮日／Boxing Day，以前的人這天會把禮物裝在盒子裡，送給郵差等平常關照過自己的人，不過這個習俗現在已經形同虛設了。還有一個關於英國聖誕節的小常識，那就是英國人稱聖誕老人為Father Christmas，如同法國稱之為Pere Noel、西班牙稱之為Papa Noël，其實都是同樣的意思。

讓人扳著手指期待聖誕節到來的倒數日曆。

有很多聖誕卡皆以百果餡派和聖誕布丁為設計主題。

MINCE PIE'S
FILLING

內餡
MINCEMEAT

甘甜的香味
讓人感受到聖誕氣氛

- ●分類：夾心
- ●成分：果乾＋堅果＋香料＋砂糖＋板油＋酒精

　　這是百果餡派（→P.130）的夾心，由果乾及堅果、香料、酒精、板油（suet）混合攪拌而成。MINCEMEAT直譯是絞肉的意思。顧名思義，以前真的是用肉來製作，現在已經不用肉了。將甘甜風味加以濃縮，具有多層次的獨特甘甜香氣，這個味道會讓英國人感受到聖誕氣氛。

內餡
（便於製作的分量）

材料
蘋果（紅玉）…… 1個（約200g）
葡萄乾 …… 100g
綜合果乾 …… 150g
杏仁 …… 10g
柳橙皮 …… 25g、檸檬皮 …… 25g
柳橙 …… 1/2個、檸檬 …… 1/2個
三溫糖 …… 50g
肉桂 …… 1/2小茶匙、牙買加胡椒 …… 1/2小茶匙
乾薑粉 …… 1/4小茶匙
肉荳蔻 …… 1小撮
白蘭地 …… 1又1/2大茶匙
奶油 …… 20g

作法
1　蘋果去芯，稍微切碎，再把葡萄乾、綜合果乾、杏仁、柳橙皮、檸檬皮也稍微切碎，放進鍋子裡。
2　削掉柳橙與檸檬的皮，各自擠出果汁，放進1的鍋子裡。再加入三溫糖、肉桂、牙買加胡椒、乾薑粉、肉荳蔻、白蘭地。
3　稍微把鍋子裡的材料攪拌一下，靜置一晚。
4　加入奶油，用文火煮大約15分鐘，過程中要時不時地攪拌一下。
※原本使用的是板油，這裡改用奶油代替。

馬芬
MUFFINS

來自美國。當成點心或早餐都很美味

●分類：烘焙點心　●享用場合：下午茶、點心、早餐、晚餐　●成分：麵粉＋油脂＋砂糖＋蛋

馬芬有兩種，一種是比杯子蛋糕還要再大一號的小型蛋糕，另一種是扁扁的圓形麵包狀。前者為美式馬芬，後者為英國的英式馬芬（→P.84）。即使同屬英語圈，同一個單字在不同的地區指的通常是不同的東西。這點英國與美國皆然，而馬芬正是其中之一。

英國人稱呼同音異義的美國事物時，通常會在名稱前面加上美式二字。然而，唯獨這款美式的馬芬，基本上都直接稱馬芬。那麼要如何與英國的馬芬做出區隔呢？就是把英國的馬芬稱為英式馬芬（→P.84）。換言之，單稱馬芬的美國馬芬可以說是取得了英國的市民權。

這也難怪，因為咖啡廳一定會提供馬芬，去蛋糕店或超級市場也一定能買到馬芬，足以證明馬芬在英國也是非常普遍的食物。這點不只是英國，日本也一樣，法國等歐洲圈和亞洲圈也都出現了同樣的現象。

為了讓馬芬膨脹起來，目前的作法幾乎都會用到泡打粉，但原本是用酵母。基本上，砂糖的用量極少。也有原味的馬芬，但是多半都會添加水果或堅果。最常使用的莫過於藍莓。在美國一提到馬芬，幾乎都是指藍莓馬芬。其中也有不甜的馬芬。會在下午茶時間搭配紅茶或咖啡一起吃，美國人也經常當早餐吃，有時候還會取代麵包，出現在晚餐的餐桌上。

由此可知，馬芬並非英國的傳統點心，但也是現代人生活中經常會吃到的食物，所以也在這本書提出來介紹。

藍莓馬芬（6個份）

材料
低筋麵粉 …… 150g
泡打粉 …… 1又1/2小茶匙
沙拉油 …… 2大茶匙
砂糖 …… 30g
蛋 …… 1個
牛奶 …… 125ml
藍莓（冷凍）…… 50g

作法
1 把蛋糕紙模放進模型裡。將烤箱預熱至180度。
2 將低筋麵粉和泡打粉混合並過篩。把蛋打散備用。
3 把砂糖加到過篩的粉類，攪拌均勻。加入牛奶和蛋，攪拌均勻。加入沙拉油，攪拌均勻。再加入藍莓，整個攪拌均勻。
4 把麵糊倒入模型，以180度的烤箱烤25分鐘。

燕麥蛋糕
OATCAKE

再放上蜂蜜或起司

●分類：烘焙點心 ●享用場合：下午茶、點心、早餐 ●成分：燕麥片＋麵粉＋奶油＋水

顧名思義，是以燕麥片製作的蛋糕。雖然取名為蛋糕，但是既不甜也不軟。話雖如此，歸類到開胃菜之類的鹹食也很奇怪。如果硬要歸類，大概比較像麵包的定位。再說得具體一點，或許比較接近蘇打餅乾。直接吃就很好吃，但也可以放上起司或蜂蜜來吃。燕麥蛋糕在英國是很普通的食物，吸引了形形色色的廠商參戰，走一趟超級市場，不難發現貨架上塞滿了琳琅滿目的燕麥蛋糕。

燕麥蛋糕大致可以分成蘇格蘭風、威爾斯風、北英格蘭風等，各有巧妙不同，光是北英格蘭風也會隨區域展現出不同的特徵。其中最廣為人知的還是蘇格蘭風。如同威爾斯小蛋糕（→P.212）這種巴掌大的扁平蛋糕，傳統的燕麥蛋糕也是放在烤盤上烘烤而成。順帶一提，蘇格蘭是燕麥的產地，因此用燕麥片製作的甜點及料理基本上都是以發源自蘇格蘭的產物為大宗。

據說伊莉莎白女王旅居蘇格蘭時，早餐也吃燕麥蛋糕。其所使用的材料確實也是健康的食材，很適合當早餐吃。以奶油酥餅在日本打響知名度的蘇格蘭糕餅製造業者「Walkers」推出的燕麥蛋糕也是王室御用糕點。現任首相大衛・卡麥隆曾公開表示燕麥蛋糕是他很喜歡的蛋糕。

燕麥蛋糕（直徑18cm的圓型烤模1個份）

材料

燕麥片 …… 180g
低筋麵粉 …… 60g
鹽 …… 1/2小茶匙
奶油 …… 30g
熱水 …… 90ml

作法

1 把奶油（分量另計）塗抹在模型裡。將烤箱預熱至180度。
2 將低筋麵粉過篩，和燕麥片、鹽一起放入調理碗中，稍微攪拌一下，在正中央壓出凹槽。將奶油融化，和熱水一起注入凹槽，把麵糊撥成一團。
3 將麵團鋪滿在模型裡，以放射狀的直線切開。
4 以180度的烤箱烤40～45分鐘。

老奶奶櫻桃蛋糕
OLD-FASHIONED CHERRY CAKE

糖漬櫻桃散發出懷念的風味

●分類：蛋糕　●享用場合：下午茶　●成分：麵粉＋杏仁粉＋奶油＋砂糖＋蛋＋糖漬櫻桃

現在的甜點已經不太有機會看到糖漬櫻桃了，但是在以前的蛋糕或餅乾上，經常可以看到紅紅一點，這麼說大概就會有很多人反應過來。上述的糖漬櫻桃是水果糖（Candied Fruit）的一種，簡而言之就是以糖漿／砂糖醃漬的櫻桃。英國人稱其為Glace cherry。法文的形容詞「glacé」除了有「結冰」「非常冷」的意思以外，還有「裹上糖衣」的意思。糖漬栗子就是一個很好的例子。英文中糖漬櫻桃的糖漬二字就是從這個單字翻譯過來。果醬或醃泡菜也是，都是為了長期保存，趁收割期大量採收，再以糖漿／砂糖醃漬的食品。

時至今日，運輸及農業技術已有長足的進步，比以前更容易買到新鮮的水果。日本人在製作甜點的時候，已經愈來愈少用到以這種方式保存的水果，就連英國也不像以前那麼常用了。

這款蛋糕是把上述的糖漬櫻桃加到麵糊裡烘烤而成的蛋糕。糖漬櫻桃在英國也充滿思古幽情，經常被當成old-fashioned——亦即以前的流行來介紹。事實上，幾乎不太有機會在蛋糕店的架子上看到，多半是被視為古典的英國蛋糕，出現在食譜裡。

與其他大部分的英國蛋糕一樣，老奶奶櫻桃蛋糕也是奠基在維多利亞三明治蛋糕（→P.206）上，而且多半會在麵粉裡加入杏仁粉。這款蛋糕與杏仁非常對味，也有最後再撒上杏仁片做裝飾的作法。

因為比重的關係，糖漬櫻桃無論如何都會沉下去，製作的時候讓人傷透腦筋。把糖漬櫻桃切成小塊，或是清洗後徹底地擦乾水分再塞進麵糊的表面，都是為了讓糖漬櫻桃盡可能分布均勻的方法。不在意的人倒是可以一開始就全部混進麵糊裡。

老奶奶櫻桃蛋糕（直徑18cm的圓型烤模1個份）

材料

低筋麵粉 …… 150g
杏仁粉 …… 25g
泡打粉 …… 1又1/2小茶匙
奶油 …… 140g
砂糖 …… 120g
蛋 …… 3個
牛奶 …… 1大茶匙
糖漬櫻桃 …… 150g
香草精 …… 2～3滴

作法

1 將奶油置於室溫中，放軟備用。把奶油（分量另計）塗抹在模型裡，鋪上烘焙紙。將烤箱預熱至180度。

2 把糖漬櫻桃切成1/4，用水沖洗，再用廚房專用紙巾確實吸乾水分。

3 將低筋麵粉、杏仁粉、泡打粉混合並過篩。把蛋打散備用。

4 把奶油放進調理碗，攪散至呈現柔滑細緻的乳霜狀。加入砂糖，混合攪拌均勻。再加入少許過篩的粉類，稍微攪拌一下，分3次加入蛋液，攪拌均勻。加入剩下的已過篩粉類，稍微攪拌一下。再加入3分之2的糖漬櫻桃、牛奶、香草精，攪拌均勻。

5 把麵糊倒入模型，將表面抹平，再把剩下的糖漬櫻桃塞進麵糊裡，以180度的烤箱烤45分鐘。

英式鬆餅
PANCAKES

薄薄的餅皮很像可麗餅

●分類：平底鍋點心 ●享用場合：下午茶 ●成分：麵粉＋蛋＋牛奶

自從進入2010年代後，鬆餅開始在日本流行起來。有以輕柔綿軟的口感為賣點的鬆餅、有堆得高高的鬆餅、有用奶油或水果裝飾得繽紛多彩的鬆餅，最後連可以客製化鬆餅的店都有了。

然而，英國傳統的鬆餅長得跟日本人印象中的鬆餅完全不一樣。其關鍵性的差異在於厚度。英國的鬆餅薄薄一片，甚至會讓人以為是可麗餅。而且會捲起來，再撒上糖粉、放上檸檬是一般的作法。

話說回來，鬆餅是用麵粉、蛋、牛奶這些簡單的材料做的甜點。不同於麵包用烤箱烘焙（bread），鬆餅是用平底鍋（frying pan），亦即表面平坦的烹調器具煎烤而成。追溯鬆餅的歷史，其實也不是用平底鍋，而是以鐵板等燒烤工具製作。

眾所周知，鬆餅是英國人在懺悔日／Shrove Tuesday吃的食物，因此懺悔日又稱鬆餅日／Pancake Day。所謂的懺悔日，是指從四旬齋節／Lent、聖灰日／Ash Wednesday到復活節／Easter之間，扣掉主日／Sunday，共40天的前一天。附帶一提，懺悔日及復活節是不定期的節日，因此每年的日期都會變動。英語稱懺悔日為Shrove Tuesday，法文則叫做狂歡節／Mardi Gras。在日本，或許後者的說法更為人所熟知也說不定。總之在這一天，以白金漢郡奧爾尼的鬆餅賽跑打頭陣，英格蘭直至今日仍會舉辦傳統的活動。

為什麼要在懺悔日吃鬆餅呢？這是因為四旬齋節是斷食期間，因此要在開始斷食以前先把被視為是奢侈品的蛋及乳製品吃完，同時也有多吃一點，好為隔天開始的斷食做準備的意思。

英式鬆餅（直徑18～20cm 5～6片份）

材料
低筋麵粉 …… 60g
蛋 …… 1個
牛奶 …… 150ml
奶油 …… 適量
檸檬 …… 適量
糖粉 …… 適量

作法
1 將低筋麵粉過篩。把蛋打散，一點一點地加入牛奶攪拌均勻，再加入低筋麵粉。
2 過濾，放進冰箱冷藏1小時以上。
   ※藉由這麼做來讓麵糊趨於穩定。
3 在平底鍋裡放入一點奶油，開火，加熱到奶油融化後，再倒入1杓的麵糊，把麵糊攤平。
4 煎到邊緣變得酥脆後，翻面，把兩面煎熟。
5 稍微捲一捲，盛盤，撒上糖粉，再放上切成1/6的檸檬。

PANCAKE'S
VARIATION

蘇格蘭鬆餅

SCOTCH PANCAKES

別名：煎烙司康／Drop Scones

最適合給小朋友吃的點心

●分類：平底鍋點心　●享用場合：下午茶　●地區：蘇格蘭　●成分：麵粉＋蛋＋牛奶

今時今日是以堆滿了華麗的配料或堆得高高的，看起來視覺效果非常驚人的鬆餅為主流，但是過去在一般日本人印象中的鬆餅，都是比厚鬆餅再薄一點，附上發泡鮮奶油或藍莓等配料的鬆餅、不過鬆餅可不是只有這一種。印象中這種鬆餅都是在家庭式餐廳吃到的東西，而英國就有與這種鬆餅長得很類似的甜點。

那就是蘇格蘭鬆餅。大小比一般的鬆餅還要來得小一號，是看起來很正統的鬆餅。蘇格蘭鬆餅是把麵糊倒在平底鍋上製作的甜點，因此取其麵糊滴落的感覺，也稱為「煎烙司康／Drop Scones」。

英國某位知名的美食家曾經回憶說，小時候放學回家，經常會吃蘇格蘭鬆餅。淋上糖漿，或是塗上奶油或果醬，用刀叉切來吃。從小朋友放學回家吃的點心這點來看，蘇格蘭鬆餅比較接近日本的厚鬆餅。

吃點心可不是小朋友的專利，大人也會吃下午茶。也可以在早餐或早午餐的時候吃。倘若偏好更紮實、更鬆軟的質地，不妨在烘烤之前先放進冰箱冷藏30分鐘左右。此外，剛出爐的蘇格蘭鬆餅先以廚房專用紙巾包起來，比較不容易冷掉。

蘇格蘭鬆餅（20片份）

材料

低筋麵粉 …… 110g
泡打粉 …… 1小茶匙
蛋 …… 1個
牛奶 …… 150ml
砂糖 …… 1大茶匙
沙拉油 …… 適量

作法

1 將低筋麵粉和泡打粉混合並過篩，連同砂糖一起倒進調理碗裡，稍微攪拌一下，在正中央壓出凹槽。把蛋打散備用。

2 把蛋、牛奶倒進1的凹槽裡，混合攪拌均勻。

3 在平底鍋裡塗上一層薄薄的沙拉油，加熱，用量匙舀起麵糊，保持適當的間隔放進平底鍋（直徑大約為5cm），用較弱的中火煎2～3分鐘。

4 煎到麵糊開始噗滋噗滋地冒泡後翻面，再煎2～3分鐘。

麥片薑汁鬆糕
PARKIN

濕潤的口感呈現出樸實的味道

●分類：蛋糕　●享用場合：慶祝用甜點、下午茶　●地區：英格蘭北部
●成分：麵粉＋燕麥片＋奶油＋黑糖蜜＋轉化糖漿＋砂糖＋蛋＋生薑＋香料

如同前面介紹過的薑餅人（→P.106）及蜂蜜蛋糕（→P.108），英國有很多用生薑製作的甜點。麥片薑汁鬆糕也是其中之一，是誕生於英格蘭北部，濕潤紮實的蛋糕。

乍看之下還以為是像布朗尼（→P.38）那種用巧克力做的甜點，但這種深色是由是一種名叫Black Treacle的黑糖蜜（→P.221）所形成，用的糖也不是白砂糖或細砂糖，而是黑糖或三溫糖。到這裡都跟用來做薑餅人（→P.106）的薑餅差不多，但麥片薑汁鬆糕最大的特色就在於使用了燕麥片。

麥片薑汁鬆糕是位於英格蘭北部的約克夏郡非常有名的甜點，緊鄰在西邊的蘭開夏自古以來就會做麥片薑汁鬆糕，所以具體的發源地在哪裡還沒有個定論。另外，這些地方也將麥片薑汁鬆糕稱為「Tharf」、「Thar」或是「Thor Cake」。

如今一年四季都能吃到麥片薑汁鬆糕，然而以前是只會出現在10月31日到11月11日之間的凱爾特基督教祭典上的供品。進入19世紀後，在11月5日的英國篝火之夜（又稱蓋伊福克斯之夜）開始可以吃到了。順帶一提，這天英國各地都會堆起營火、施放煙火。放煙火在英國可不是夏天的風景，而是冬天的風情畫。

麥片薑汁鬆糕不要剛出爐就馬上吃，放上1～2天使其入味會更好吃。只要密不透風地包好，還可以保存1～2週。大部分都是直接這樣吃，也有人會加上蘋果醬來吃。

麥片薑汁鬆糕（21×21cm的烤盤模型1個份）

材料
低筋麵粉 …… 150g
小蘇打粉 …… 1小茶匙再多一點
（3/4小茶匙）
乾薑粉 …… 1小茶匙
肉桂 …… 1/2小茶匙
奶油 …… 115g
蜂蜜 …… 100g
黑蜜 …… 65g
黑糖 …… 75g
燕麥片 …… 175g
蛋 …… 1個
牛奶 …… 150ml

作法
1 把奶油（分量另計）塗抹在模型裡，鋪上烘焙紙。將烤箱預熱至180度。
2 把奶油、蜂蜜、黑蜜、黑糖放進鍋子裡，開小火，混合攪拌均勻。煮到奶油融化、全部沾上黑蜜以後，就可以把鍋子從爐火上移開。
3 將低筋麵粉、小蘇打粉、乾薑粉、肉桂混合並過篩。把蛋打散備用。
4 把燕麥片加到3的過篩粉類裡拌勻，在正中央壓出凹槽，倒入蛋和牛奶，攪拌均勻。再加入2，攪拌均勻。
5 把麵糊倒入模型，將表面抹平，以180度的烤箱烤45分鐘。
6 放涼以後，切成適當的大小。

※原本使用轉化糖漿，但是在日本不容易買到，所以改用蜂蜜代替。
※原本使用黑糖蜜，但是在日本不容易買到，所以改用黑蜜來代替。

帕芙洛娃

酥脆的蛋白霜脆餅與水果的二重奏

● 分類：蛋白霜點心　● 享用場合：飯後甜點　● 成分：蛋白霜脆餅＋鮮奶油＋水果

看起來很豪華的蛋白霜點心。把鮮奶油及水果放在烤成一大片圓形的蛋白霜脆餅上就大功告成了。使用的水果通常是草莓、覆盆子、奇異果、百香果等等。在餐廳的甜點菜單上也可以看到，作法很簡單，所以經常出現在英國家庭的餐桌上。原本蛋白霜脆餅（→P.128）在英國就是相當普遍的食物，可以在超級市場買到已經做好的成品，也有帕芙洛娃專用的蛋白霜脆餅。如果用那種蛋白霜脆餅來做，接下來就只要擺盤即可。

帕芙洛娃這個名稱取自活躍於20世紀前半的俄國芭蕾舞者——安娜‧帕芙洛娃的名字。這位享譽全球的芭蕾舞者在巡迴世界、舉行公演的時候，有人為她做了這道甜點。

據說大型的蛋白霜脆餅（→P.128）和裝飾得很華麗的水果是以芭蕾舞者的服裝、TuTu裙為設計概念。

至於這道帕芙洛娃問世的地點，有人說是紐西蘭，有人說是澳洲，事實上，帕芙洛娃也的確是深受這兩個國家喜愛的甜點。兩國都主張帕芙洛娃是自己發明的，但真相無人知曉。唯一可以確定的是安娜‧帕芙洛娃曾於1926年造訪過這兩個國家，而這次訪問也是催生出這道甜點的契機。

一般來說，很多甜點或料理都是從英國傳到澳洲及紐西蘭，但是也有像帕芙洛娃這樣，反過來從澳洲及紐西蘭傳到英國，並且受到社會大眾支持的甜點。

帕芙洛娃（4人份）

材料

蛋白霜脆餅
　蛋白 …… 2個份
　砂糖 …… 115g
　玉米澱粉 …… 1小茶匙
　白酒醋 …… 1/2小茶匙
綜合莓果（冷凍）…… 250g
鮮奶油 …… 100ml
糖粉 …… 2小茶匙

作法

1 在烘焙紙上畫一個直徑18cm的圓，放在烤盤上。將烤箱預熱至120度。

2 製作蛋白霜脆餅。把蛋白放進調理碗打發，分幾次加入砂糖，繼續打發到可以拉出直立的尖角。再加入玉米澱粉和白酒醋，打到發。

3 用量匙把蛋白霜舀到畫在烘焙紙上的圓形裡，把邊緣堆得高高的。

4 以120度的烤箱烤1小時。

5 烤好後，關火，繼續放在烤箱裡達3小時以上。

6 把糖粉加到鮮奶油裡，打發到可以拉出柔軟的尖角。

7 把蛋白霜脆餅移到盤子裡，加入鮮奶油，放上綜合莓果。

葡萄乾布丁

PLUM DUFFS

別名：李子布丁／Plum Pudding

雖然又稱李子布丁，但其實沒有李子

●分類：烘焙點心　●享用場合：下午茶　●成分：麵粉＋油脂＋砂糖＋牛奶＋果乾

原文裡的「duff」一詞是從意指麵團的「dough」轉化過來的單字，是指用蒸的布丁，也可以更進一步特指加入果乾的蒸布丁。葡萄乾布丁之所以又叫李子布丁，就是這麼回事。但這裡有一點要注意的是，雖然又稱李子布丁，但這款布丁並沒有用到李子。這裡的李子是果乾的總稱，包含葡萄乾或淡黃色無子葡萄乾在內，這些葡萄乾才是主要會用到的果乾。在英國的傳統甜點裡，以李子為名，但裡頭沒有李子的甜點其實司空見慣。

話說回來，若問英國人常吃的果乾是什麼，李子絕對榜上有名。16世紀，先是葡萄乾，後是黑棗，果乾的種類愈來愈多。一開始，李子正如其名，就只是單純地指李子，但是慢慢地開始也有了果乾的意思。這款葡萄乾布丁／李子布丁就是最好的證明。

一提到加入果乾、用蒸的布丁，頭一個就會想到聖誕布丁（→P.58）。實際上，雖然不覺得會有太多人以為葡萄乾布丁就是聖誕布丁（→P.58）的源頭，但現在的確還是有人會把葡萄乾布丁當成聖誕布丁（→P.58）。

一般的葡萄乾布丁／李子布丁是比較重口味的甜點，但也有口味不那麼重的葡萄乾布丁／李子布丁。本書介紹的就是那種葡萄乾布丁／李子布丁。這種葡萄乾布丁／李子布丁並不會用上大量的果乾，風味十分清爽。而且也不是一次製作一大塊，而是擀平，用模型切割成圓形，做成便於食用的大小，這點也跟一般的葡萄乾布丁／李子布丁大異其趣。

葡萄乾布丁（直徑6.5cm的圓形烤模6個份）

材料

低筋麵粉 …… 150g
奶油 …… 20g
砂糖 …… 1大茶匙
葡萄乾 …… 25g
牛奶 …… 125ml
檸檬汁 …… 1/2大茶匙

作法

1　把烘焙紙鋪在烤盤上。將烤箱預熱至180度。
2　把檸檬汁加到牛奶裡。將低筋麵粉過篩。將奶油切成適當的大小。
3　把2的低筋麵粉和奶油放進食物處理機，打碎到變成疏鬆的粉狀。
4　移到調理碗中，加入砂糖和葡萄乾，攪拌均勻，在正中央壓出凹槽，倒入2的牛奶，把麵糊撥成一團。
5　把低筋麵粉（分量另計）撒在作業台和擀麵棍上，將麵團擀成約1cm厚，用直徑6.5cm的不鏽鋼塑型環切壓出形狀。
6　並排在烤盤上，表面塗上牛奶（分量另計），以180度的烤箱烤20分鐘。

※原本是用板油（suet）或豬油，這裡改用奶油代替。

米布丁
RICE PUDDING

用溫和甘甜的米做成飯後甜點

●分類：粥狀點心 ●享用場合：飯後甜點 ●成分：米＋牛奶＋砂糖

用米製作的布丁，說穿了，就像是甜甜的稀飯。說到要把米做成甜甜的，可能會有很多日本人難以接受。反之，包括日本在內，做成甜甜的豆子在亞洲倒是很常見，但是西方人就會皺眉了，所以這只能說是飲食習慣的差異。

在英國，學校的營養午餐就有米布丁，是相當常見的飯後甜點。餐廳也提供這道甜點，精心製作的米布丁吃起來有一股難以言喻的溫暖風味，在寒冷的季節吃起來，感覺更加美味。

追溯其歷史，似乎在羅馬時代就已經開始吃米布丁了。不過，當時的米布丁與現在的不同，是用米熬煮的湯。據說還能當藥吃。進入中世紀後，會加入牛奶或杏仁漿，也可能兩種都加，把味道調得甜甜的，逐漸變化成接近時下的米布丁。就這樣，米布丁的食譜也在17世紀的時候出現。而且米布丁存在於世界各地。歐洲——尤其是北歐各國原本就有吃米布丁／米湯的習慣，是聖誕期間不可或缺的一道甜點。

英國還有販售標榜做米布丁專用的布丁米，也就是短粒米，具有黏性。換句話說，如果想在日本製作米布丁，只要用日本的米就行了。英國一般的米都是長粒米，又沒有黏性，所以不適合用來做米布丁。

英國的作法通常是把米放進開小火的烤箱烤2～3小時，也可以用鍋子煮。本書介紹的作法也是用鍋子煮。重點在於要用文火熬。由於加入了砂糖，很容易燒焦，千萬別忘了要不時地從鍋底攪拌一下。剛煮好熱騰騰的米布丁最好吃，放涼以後也別有一番風味。加上草莓或大黃、杏桃等果醬，或者是加點煉乳，再加上肉荳蔻，將會更加美味。

米布丁（2人份）

材料
米 …… 50g
牛奶 …… 600ml
砂糖 …… 2小茶匙
香草精 …… 1～2滴

作法
1 把米淘洗乾淨，和牛奶、砂糖一起放進鍋子裡，開中火熬煮。
2 煮滾後，轉文火繼續煮25分鐘。
3 煮到咕嘟咕嘟地冒泡，糜軟濃稠後，關火，加入香草精，攪拌均勻。

岩石蛋糕
ROCK CAKES
別名：岩石麵包／Rock Buns

看起來就像硬梆梆的岩石一樣

●分類：烘焙點心　●享用場合：下午茶　●成分：麵粉＋奶油＋砂糖＋蛋＋果乾

岩石蛋糕是英國兼具傳統及典型的下午茶點心之一，在日本幾乎沒有人知道，但是在英國以外的國家倒是常常可以看到。

岩石蛋糕又稱岩石麵包，雖然這裡所謂的麵包是指小圓麵包，但以下為各位介紹的岩石蛋糕是提起英式甜點時絕對不會漏掉，不折不扣的英式甜點。外表看起來硬梆梆的，會讓人聯想到岩石的形狀是其名稱的由來。口感介於餅乾（→P.24）與司康（→P.158）之間，與胖頑童（→P.98）相去不遠，英國有很多這一類的甜點。相較之下，岩石蛋糕的作法非常簡單，用的糖比較少，用的蛋也不多，因此曾經是第二次世界大戰時，備受英國人推崇的食物，在配給的時代彌足珍貴。

目前還保留著岩石蛋糕的作法在1860年問世的記錄。當時的岩石蛋糕用了肉荳蔻花（肉荳蔻的果仁部分）、檸檬皮、白蘭地等等，是風味非常濃郁的食物。

這一類的甜點只要隨便做做就行了，即使沒把材料充分攪拌均勻，只要放進烤箱加熱，自然就會融為一體。一般來說，英國傳統甜點的個頭都不小，對日本人而言，分量可能有點太大，所以這本書的作法把好幾道甜點的體積都縮小了，但是岩石蛋糕最好盡可能做得大塊一點，才能讓人感受到「英國風味」。

岩石蛋糕（10個份）

材料
低筋麵粉 …… 225g
泡打粉 …… 2小茶匙
奶油 …… 110g
砂糖 …… 60g
葡萄乾 …… 110g
蛋 …… 1個
牛奶 …… 2～4大茶匙

作法
1 把烘焙紙鋪在烤盤上。將烤箱預熱至200度。
2 將低筋麵粉和泡打粉混合並過篩。把蛋打散備用。將奶油切成適當的大小。
3 把2的粉類和奶油放進食物處理機，打碎到變成疏鬆的粉狀。
4 移到調理碗中，加入砂糖和葡萄乾拌勻，在正中央壓出凹槽，倒入蛋和牛奶，攪拌均勻。
5 用量匙舀起尖尖一匙的麵糊，放在烤盤上，稍微用手塑形。
6 以200度的烤箱烤20分鐘。

布丁卷
ROLY-POLY
別名：死人手臂／Dead Man's Arm

經常出現在學校營養午餐裡的蛋糕卷

●分類：烘焙點心　●享用場合：下午茶、飯後甜點　●成分：麵粉＋牛油＋夾心（果醬等等）

布丁卷是英國的傳統布丁點心之一，據說是在19世紀初期問世。把果醬、橘皮果醬、糖漿／糖蜜（→P.221）、果乾等鋪滿在擀平的麵團上，捲起來，除了做成甜的，也可以夾入培根做成下酒菜。這種不甜的布丁卷曾經出現在以彼得兔打開知名度的碧雅翠絲·波特的著作《The Tale of Samuel Whiskers or, The Roly-Poly Pudding》（貓布丁的故事）裡。另外，從其外觀還衍生出一個怵目驚心的渾名為「死人手臂／Dead Man's Arm」。

由於是古早味的布丁，布丁卷原本是用蒸的，現在的作法幾乎都以烤箱烘烤。麵團的油脂用的是板油（suet），但是用板油做甜點這件事在日本很難想像，因此本書的作法改用奶油來代替。

布丁卷在英國是經常出現在營養午餐裡的品項，尤其在第二次世界大戰以後更是頻繁地提供。因此布丁卷對英國人而言似乎是一種很令人懷念、會讓人想起孩提時代的食物。布丁卷的原文既拉長音又押韻，這種宛如童言童語的發音顯然也為激發思古幽情扮演了推波助瀾的角色。

如前所述，要包什麼並沒有硬性規定，但是以捲入果醬較為常見。吃的時候請趁熱切成適當的厚度，再淋上卡士達醬（→P.216）是內行人的吃法。

果醬布丁卷（1條／6～8人份）

材料
低筋麵粉 …… 175g
泡打粉 …… 3/4小茶匙
奶油 …… 75g
水 …… 5～6大茶匙
覆盆子果醬 …… 60g

作法
1 把烘焙紙鋪在烤盤上。將烤箱預熱至180度。
2 將低筋麵粉和泡打粉混合並過篩。把蛋打散備用。將奶油切成適當的大小。
3 把2的粉類和奶油放進食物處理機，打碎到變成疏鬆的粉狀。
4 移到調理碗中，在正中央壓出凹槽，一點一點地把水倒進去，把麵糊撥成一團。
5 把低筋麵粉（分量另計）撒在作業台和擀麵棍上，將麵團擀成20×30cm左右的長方形。
6 均勻地塗上覆盆子果醬，捲起來。把兩端捏緊，放在烤盤上。
7 以180度的烤箱烤40分鐘。
　※原本使用的是板油，這裡改用奶油代替。

沙麗蘭麵包
SALLY LUNN

口感柔軟，味道非常單純的發酵點心

●分類：發酵點心　●享用場合：下午茶、輕食小點　●地區：英格蘭‧巴斯　●成分：麵粉＋奶油＋蛋＋牛奶

以人名為甜點或料理取名的情況所在多有，例如英國人熱愛的甜點之一——帕芙洛娃（→P.146）便是如此。據說是在芭蕾舞者安娜‧帕芙洛娃進行巡迴演出時，特地為她做的甜點。沙麗蘭也是人名。不過，沙麗蘭麵包並不是專為沙麗蘭做的麵包，而是由沙麗蘭製作的麵包。從沙麗這兩個字可以看出是女性的名字，沙麗是1680年從法國前往英國的少女，在英格蘭巴斯的麵包店找到一份工作，她所做的麵包（甜點）大受好評，於是便用她的名字來為這款麵包命名，這就是沙麗蘭麵包的由來。

然而，沙麗蘭並不是她真正的名字。她的名字其實是索蘭‧綠雲／Solange Luyon，或許因為法語發音對英國人來說太難了，和她一起工作的人都不是叫她索蘭‧綠雲，而是沙麗‧蘭／Sally Lunn，所以才取名

為沙麗蘭麵包。這是一般人比較熟悉的故事，但是也有一說是沙麗蘭麵包是以法文的「soleil et lune」（即英文「sun and moon」的意思）為語源，是從早餐吃的蛋糕「solimemne」而來。

據說沙麗蘭麵包是把布里歐做成風味更樸實的發酵麵團，一問世就大受歡迎。從我們現代人的角度來看，實在很難理解沙麗蘭麵包為什麼會這麼受歡迎，可能是因為對當時的英國人來說，沒有吃過這種比較柔軟、風味比較濃郁的麵包甜點，所以覺得很新鮮。

可以把沙麗蘭麵包切片，附上奶油起司或果醬，當成下午茶的點心，也可以和起司或火腿一起當成輕食小點來吃。此外，如果是剛出爐的沙麗蘭麵包，不妨直接用手撕來吃。

沙麗蘭麵包（直徑12cm的圓型烤模2個份）

材料
高筋麵粉 …… 450g
速發乾酵母 …… 2小茶匙
鹽 …… 1小茶匙
砂糖 …… 1大茶匙
奶油 …… 30g
蛋 …… 1個
牛奶 …… 250ml

作法
1 把奶油（分量另計）塗抹在調理碗裡。將高筋麵粉和鹽混合並且過篩。將奶油切成適當的大小。把牛奶加熱到人體皮膚的溫度。將速發乾酵母和砂糖攪拌均勻。把蛋打散備用。
2 把1的粉類和奶油放進食物處理機，打碎到變成疏鬆的粉狀。
3 移到調理碗中，加入拌勻的速發乾酵母和砂糖，攪拌均勻。在正中央壓出凹槽，倒入蛋液和加熱好的牛奶。
4 揉10分鐘，直到出現彈性，表面變得光滑為止。
5 再移到塗上奶油的調理碗中，放在溫暖的場所發酵1小時。
6 把奶油塗在模型裡。
7 揉捏麵團（擠出空氣），切成兩半，調整成圓形，放進模型裡。
8 放在溫暖的場所發酵30分鐘。
9 將烤箱預熱至200度。
10 在表面塗上牛奶（分量另計），以200度的烤箱烤30分鐘。

司康
SCONES

非常有名的下午茶招牌甜點

●分類：烘焙點心 ●享用場合：下午茶 ●地區：蘇格蘭 ●成分：麵粉＋奶油＋砂糖＋牛奶

一提到英國的甜點，最先想到的其中一樣點心，大概就是所謂的司康吧。在麵包店或飯店的下午茶一定會提供，大家都很熟悉。不過，雖然都叫司康，但其種類繁多，而且在不同的國家也有不同的定義。

以下將為大家介紹基本款的司康、英國的司康。在日本的連鎖咖啡廳或一般咖啡館都可以看到當成輕食來吃的司康，多半都是指美國的司康，本書將其稱為美式司康（→P.162）。順帶一提，美國人管英式的司康叫餅乾。此外也經常可以看到不甜的司康——開胃菜司康（Savory Scone），本書也會為大家介紹起司司康（→P.161）。

也有人說英國的司康是速發麵包，亦即作法很簡單的麵包，比起正餐，主要還是在下午茶的時候吃，而且會加上果醬或凝脂奶油來吃。也有人會添加奶油。走進英國的茶館，就可以看到「奶油茶／Cream Tea」這個品項。光看這個名稱，可能會以為是跟維

側面有稱之為「狼口」的裂紋是美味司康的證明。

也納咖啡一樣，把奶油放在紅茶上的飲料，但這其實是司康與紅茶的套餐。

司康誕生於蘇格蘭，由來眾說紛紜，其中之一是以意味著「優質白麵包」的荷蘭文「schoonbroot」、德文「sconbrot」為語源，到了蘇格蘭才變成「scone」。也有一說是模仿蘇格蘭在國王舉行加冕儀式時所坐的椅子底座「the Stone of Scone（或者是the Stone of Destiny）」的形狀而來。

誕生於蘇格蘭的司康如今已遍布整個英國，因為會加上凝脂奶油來吃，所以奶油茶

司康（直徑6cm的不鏽鋼塑型環6個份）

材料

低筋麵粉 …… 225g
泡打粉 …… 1大茶匙
鹽 …… 1/2小茶匙
奶油 …… 50g
砂糖 …… 25g
牛奶 …… 120ml

作法

1 把烘焙紙鋪在烤盤上。將烤箱預熱至220度。
2 將低筋麵粉、泡打粉、鹽混合並過篩。將奶油切成適當的大小。
3 將2的粉類和奶油放進食物處理機，打碎到變成疏鬆的粉狀。
4 移到調理碗中，加入砂糖，混合攪拌均勻，在正中央壓出凹槽，注入牛奶，把麵糊撥成一團。
5 把低筋麵粉（分量另計）撒在作業台和擀麵棍上，將4的麵團擀成2cm厚，再以直徑6cm的不鏽鋼塑型環切壓出形狀。
6 並排在烤盤上，表面塗上牛奶（分量另計），以220度的烤箱裡烤7～10分鐘。

鄉下茶館的司康
通常都很大顆，
吃起來很過癮。

倫敦引領時尚潮流
的咖啡館所提供的
司康比較小。

在酪農業盛行的地區成為當地特產，幾乎所有奶油茶都會把司康當成招牌菜單，特別是在位於英格蘭西南部的丹佛與康沃爾特別流行。每個地區的吃法不同，丹佛是塗上凝脂奶油、放上果醬來吃。另一方面，康沃爾則正好相反，是先塗上果醬。很多英國人都對司康有其獨到的見解，所以經常會為此引發熱烈討論。

此外，司康側面有稱之為「狼口」的裂紋，如果這條裂紋很清楚，表示這是很優秀的司康。不過，最近市面上出現很多個頭嬌小的司康，這種司康就不容易烤出裂紋。

雖然司康的拼音在日本讀成「スコーン」，但實際上在英國唸成發音較短的「スコン」的人是比較多的。會有這種差異主要是跟區域和階級差異有關。在蘇格蘭或北英格蘭地區，還有上層階級人士大多會讀成「スコン」。

酪農業盛行的康沃
爾經常可以看到凝
脂奶油等乳製品的
招牌。

起司司康
CHEDDAR SCONES

早餐也可以吃
不甜的司康

●分類：司康　●享用場合：輕食小點、早餐
●成分：麵粉＋奶油＋牛奶＋起司

　　司康的種類琳琅滿目，其中最具有代表性的，就是用起司製成的司康。起司以產自英國，具有濃醇香的切達起司最為合適。也可以再多一道手續，加入英式黃芥末醬或蝦夷蔥等香草也很美味。這款起司司康是沒有加糖的輕食小點。英國管這種不甜的司康叫做「開胃菜司康／savoury」，使用了與意指甘甜的「sweet」相對的字眼。

起司司康
（直徑4cm的不鏽鋼塑型環12個份）

材料
低筋麵粉 …… 100g
泡打粉 …… 1小茶匙
鹽 …… 1/4小茶匙
奶油 …… 25g
燕麥片 …… 15g
切達（起司）…… 40g
牛奶 …… 75ml

作法
1　把烘焙紙鋪在烤盤上。將烤箱預熱至220度。
2　將低筋麵粉、泡打粉、鹽混合並過篩。將奶油切成適當的大小。把切達起司剁碎。
3　將2的粉類和奶油放進食物處理機，打碎到變成疏鬆的粉狀。
4　移到調理碗中，加入燕麥片和切達起司，混合攪拌均勻，在正中央壓出凹槽，注入牛奶，把麵糊撥成一團。
5　把低筋麵粉（分量另計）撒在作業台和擀麵棍上，將麵團擀成2cm厚，再以直徑4cm的不鏽鋼塑型環切壓出形狀。
6　並排在烤盤上，在表面塗上牛奶（分量另計），以220度的烤箱烤12分鐘。

SCONE'S
VARIATION 2

美式司康
AMERICAN SCONES

當成輕食與咖啡一起享用

●分類：烘焙點心　●享用場合：早餐、午餐、輕食小點　●成分：麵粉＋砂糖＋奶油＋牛奶

司康在日本的連鎖咖啡廳或咖啡館裡是經常可以看到的品項，只是英國的司康（→P.158）與美國的司康全都混在一起。其中也有無法歸類，在日本自行演化的司康。來到日本的英國人若看到這種司康的販賣狀況，十有八九都會感到困惑。

英國的司康（→P.158）與美國的司康在材料及作法上都大同小異，但依舊是不一樣的東西。英國的司康（→P.158）是下午茶的點心，也會當成早餐或正餐之間的輕食點心，但基本上主要還是以下午茶甜點的方式呈現。然而，一提到美國的司康，情況就不一樣了，雖然也會當成下午茶甜點來吃，不過通常是在早餐或早午餐的時候當成正餐的一部分。英國的司康（→P.158）會沾奶油或果醬來吃，而美國的司康通常都直接吃。換言之，英國與美國的司康在其身為食物的定位上具有決定性的差異。

相較於英國的司康會做成圓形或菊花形狀，美國的司康多半切割成三角形。英國的司康（→P.158）會烤得比較軟，美國的司康則給人比較酥脆的印象。

另一方面，美國的司康會烤得比較粗獷、有稜有角才稱得上有「美式風味」。因此在製作的時候，比起把奶油攪拌到柔滑細緻，多少殘留一點奶油的顆粒比較好。依照本書的作法製作的司康個頭比較小，要是用1.2～1.5倍分量的材料做成6個會更有模有樣。這麼一來，體積會大一號，平添幾許粗獷的魅力。也很建議加入巧克力脆片或柳橙皮、藍莓來做。

不可思議的是，美式司康的配方固然不同，材料倒是跟英國的司康（→P.158）沒有太大的差異，只是會讓人想搭配一起享用的卻是咖啡。

美式司康（6個份）

材料
低筋麵粉 …… 150g
高筋麵粉 …… 50g
泡打粉 …… 2小茶匙
砂糖 …… 30g
鹽 …… 1/2小茶匙
奶油 …… 50g
牛奶 …… 100ml

作法
1 把烘焙紙鋪在烤盤上。將烤箱預熱至200度。
2 將低筋麵粉、高筋麵粉、泡打粉、鹽、砂糖混合並過篩。將奶油切成適當的大小。
3 將2的粉類和奶油放進食物處理機，打碎到變成疏鬆的粉狀。
4 移到調理碗中，在正中央壓出凹槽，注入牛奶，把麵糊撥成一團。
5 把高筋麵粉（分量另計）撒在作業台和擀麵棍上，用手將麵團捏成3cm厚左右的圓形，切成6等分。
6 並排在烤盤上，放進200度的烤箱烤15分鐘。

SCONE'S
VARIATION 3

馬鈴薯司康
POTATO SCONES
別名：洋芋司康／Tattie Scones

以馬鈴薯製作的簡便輕食小點

●分類：平底鍋點心　●享用場合：早餐、午餐、早午餐、輕食小點
●地區：蘇格蘭　●成分：馬鈴薯＋麵粉＋奶油

又稱洋芋司康。「洋芋／Tattie」是「potato」的俗稱，也就是加入了馬鈴薯的司康。雖說是司康，但是形態與搭配凝脂奶油或草莓果醬一起吃，充滿英國風味的司康（→P.158）略有不同。與其說是為一般的司康增添風味，加以變化，更像鬆餅，也像麵包，總之是完全不同的食物。

一般的司康是很有名的下午茶甜點，但馬鈴薯司康就跟麵包一樣，經常拿來搭配正餐吃，蘇格蘭特產的馬鈴薯司康經常會跟煎蛋一起出現在蘇格蘭式早餐的菜單裡就是最好的證據，也經常出現在早午餐或午餐的餐桌上，還可以代替烤餅或白飯，搭配印度（風）的咖哩來吃。

馬鈴薯司康顧名思義，是以馬鈴薯為主要的材料，加入麵粉及增添風味用的奶油。馬鈴薯請盡可能使用比較粉的品種，就能做得更「似模像樣」。傳統作法是先做成大大的圓形，再切成大小適中、方便食用的三角形上桌，最近受到流行的影響，也出現了許多充滿創意巧思的作法，例如做成像日式水煎包，有點高度的小圓形，或是加入蝦夷蔥等香草。

馬鈴薯司康（10個份）

材料
馬鈴薯 …… 225g
鹽 …… 1/2小茶匙
奶油 …… 10g
低筋麵粉 …… 55g
沙拉油 …… 適量

作法
1　馬鈴薯削皮，切成2～3cm左右的塊狀，放進微波爐加熱4分鐘。將低筋麵粉過篩2次。
2　把奶油和鹽加到馬鈴薯裡，趁熱搗碎。
3　把馬鈴薯加到低筋麵粉裡，用手稍微揉捏一下，把麵糊撥成一團。
4　把低筋麵粉（分量另計）撒在作業台和擀麵棍上，把麵團擀成5mm厚，切成一邊7cm的三角形。
5　把沙拉油倒入平底鍋，起油鍋，兩面各以小火煎3～4分鐘。

奶油酥餅
SHORTBREAD

送禮需求極高，眾所周知的英式甜點

●分類：烘焙點心　●享用場合：下午茶、慶祝用甜點　●地區：蘇格蘭　●成分：麵粉＋奶油＋砂糖

奶油酥餅是大家最熟悉英國伴手禮，就算沒聽過包裝上印有紅色蘇格蘭格子花紋的「Walkers」，應該也曾經看過吧。

奶油酥餅是簡單到不能再簡單的甜點，使用的材料只有麵粉、奶油、砂糖，把這三種材料以3：2：1的比例混合攪拌均勻製作而成。奶油酥餅的「SHORT」是「酥」、「鬆」的意思，而奶油酥餅的口感也的確符合這個單字的意涵。另外，奶油酥餅的「BREAD」直譯是「麵包」的意思。如同在香蕉麵包（→P.14）的作法也提到過的，可將其視為烘焙點心的意思。換句話說，奶油酥餅是指「烘烤得酥鬆可口的點心」。

奶油酥餅在分類上大致可以歸類為餅乾（→P.24）類的甜點，材料實際上也很類似，相較於有些餅乾（→P.24）依種類不同會有是否使用蛋的差異，而奶油酥餅不會用到蛋。此外，最大的差異在於作法。餅乾（→P.24）的作法是把奶油弄成乳霜狀，再加入砂糖、麵粉。另一方面，奶油酥餅採取用手搓勻（→P.215）的作法，相當於法文的沙狀搓揉法（sablage），這是把奶油加到麵粉裡，揉搓成疏鬆麵包粉狀的作法。就是這種作法創造出奶油酥餅獨特的酥脆口感。現在多半改用食物處理機來取代用手搓勻的作法，當然還是可以徒手作業。這時記得指尖不要用力，把手舉到胸部的高度，距離調理碗15～20cm的上方即可，然後用手指把麵粉和奶油充分拌勻，把空氣揉搓進去，就能製造出輕盈的口感。

相傳奶油酥餅在12世紀誕生於蘇格蘭。進入16世紀之後，一舉成名的奶油酥餅莫過於「襯裙小蛋糕／Petticoat Tails」。邊緣有皺褶的圓形是其特徵，看起來很像宮廷裡的女性們身上穿的襯裙裙襬，所以才取了這個名字。也有一說是這個名稱是由當時的蘇格蘭女王瑪麗命名。

奶油酥餅目前已是簡便的甜點，但因為使

奶油酥餅（直徑15cm的圓形烤模1個份）

〈基本的配方〉麵粉：奶油：砂糖＝3：2：1

材料
低筋麵粉 …… 175g
奶油 …… 110g
砂糖 …… 50g

作法
1. 把烘焙紙鋪在烤盤上。將烤箱預熱至170度。
2. 將低筋麵粉過篩。將奶油切成適當的大小。
3. 把2的低筋麵粉和奶油放進食物處理機，打碎到變成疏鬆的粉狀。
4. 移到調理碗中，加入砂糖攪拌均勻，把麵糊撥成一團。
5. 把低筋麵粉（分量另計）撒在作業台和擀麵棍上，將4的麵團擀成不到1cm厚、直徑15cm的圓形。
6. 用大拇指在邊緣按壓出紋路，放在烤盤上，再用叉子戳出圖案，切成6等分。
7. 以170度的烤箱烤35分鐘。

「Walkers」的奶油酥餅
在日本也很常見。

奶油酥餅的包裝
通常會採用充滿
蘇格蘭風格的紅
色蘇格蘭格子花
紋。

用了大量的奶油和砂糖，過去曾經是非常昂
貴的食品，因此不是日常生活中隨便可以吃
到的東西，只有在聖誕節及Hogmanay（蘇
格蘭的除夕）、婚禮等特別場合才有機會吃
到。另外，蘇格蘭東北部的昔得蘭群島還有
在結婚之際，當新娘要進入新房的時候，要
在她頭上捏碎奶油酥餅的習俗。

　現在還可以找到襯裙小蛋糕形狀的奶油酥
餅，但最常見的還是做成手指餅乾那樣方便
用手拿來吃的長方形。也有一口大小的圓形
奶油酥餅，做成動物形狀的奶油酥餅也所在
多有。本書介紹的基本款奶油酥餅是襯裙小

蛋糕的版本，以及加以變化的巧克力脆片奶
油酥餅（→P.169）則是手指餅乾狀的奶油酥
餅。此外，奶油酥餅的作法雖然簡單，但是
可以有相當多的變化，有加入巧克力脆片或
杏仁或核桃等堅果類、把薰衣草等香草揉進
麵團裡、做成巧克力風味的麵團，或者是不
用麵粉，而是改用粗粒杜蘭小麥粉或米粉的
作法。

　在各式各樣的奶油酥餅中，「百萬富翁酥
餅／Millionaire Shortbread」大概是最有
名的吧。這是把焦糖塗在奶油酥餅上，再覆
上一層巧克力，形成三層的甜蜜轟炸，相當
符合「百萬富翁」這個頭銜，是非常濃郁奢
華的奶油酥餅，也是熱愛甜食的人難以抗拒
的一種甜點。

　如同一開始所敘述的，奶油酥餅很適合
當伴手禮買來送人。當皇室有喜事或盛大的
活動、聖誕節時，會裝在設計成具有紀念價
值的罐子裡販賣，有很多充滿創意巧思的罐
子，會讓人忍不住想買來收藏。

裝在罐子裡的奶油
酥餅會出現在慶典
或活動上，很適合
買來送人。右圖是
慶祝喬治王子誕生
的奶油酥餅。

巧克力脆片奶油酥餅
CHOCOLATE CHIP SHORTBREAD

**請直接
用手抓來吃**

- 分類：烘焙點心　　● 享用場合：下午茶
- 地區：蘇格蘭
- 成分：麵粉＋奶油＋砂糖＋巧克力脆片

　　基本的奶油酥餅（→P.166）是圓形的，邊緣會帶點荷葉邊，稱為「襯裙小蛋糕／Petticoat Tails」，但現在多半做成長方形的手指餅乾，就像以下這款巧克力脆片奶油酥餅的模樣。表面用牙籤或竹籤戳洞，勾勒出圖案。不只形狀，就連味道也下了一番工夫。加入巧克力脆片，減少砂糖的用量。由此可見，想要製造變化的時候，可以配合加進去的材料，改變基本材料的用量。

巧克力脆片奶油酥餅
（16個份）

〈基本的配方〉麵粉：奶油：砂糖＝3：2：1＋巧克力脆片

材料
低筋麵粉 …… 175g
奶油 …… 110g
砂糖 …… 40g
巧克力脆片 …… 50g

作法
1 把烘焙紙鋪在烤盤上。將烤箱預熱至170度。
2 將低筋麵粉過篩。將奶油切成適當的大小。
3 把2的低筋麵粉和奶油放進食物處理機，打碎到變成疏鬆的粉狀。
4 移到調理碗中，加入砂糖和巧克力脆片攪拌均勻，把麵糊撥成一團。
5 把低筋麵粉（分量另計）撒在作業台和擀麵棍上，把麵團擀成8mm厚、12×20cm的長方形。
6 切成16（2×8）等分，用竹籤或牙籤在表面戳洞，放在烤盤上。
7 以170度的烤箱烤20分鐘。

草莓蛋糕
SHORTCAKES

外觀和味道都和日本的草莓蛋糕不一樣

●分類：蛋糕 ●享用場合：下午茶、飯後甜點 ●成分：蛋糕體＋鮮奶油＋草莓

在日本，一提到草莓蛋糕，腦海中就會浮現出膨鬆柔軟的海綿蛋糕（→P.215）／熱那亞（Genoise）海綿蛋糕加上鮮奶油和草莓做成的甜點，說這是創業於大正時代的「不二家」的功績也不為過。但是在英國，所謂的草莓蛋糕是以類似司康（→P.158）的麵團製成，指的是比司康（→P.158）再軟一點，綿綿蓬蓬的甜點。也有人不用蛋糕模，體積也小小的。可以把奶油和草莓夾在中間，或者是把奶油塗在側面，不只味道及口感，視裝飾或不裝飾，看起來也有相當大的差異。

這種英國的草莓蛋糕的概念搬到美國也一樣。目前比起英國，在美國更容易看到這種草莓蛋糕，同時也是美國的傳統點心之一。每到收割的季節，都會舉行草莓蛋糕派對，

甚至還有將6月14日設為草莓蛋糕節的地區。

草莓蛋糕在今時今日的英國雖然不是什麼太主流的甜點，但是歷史十分悠久，16世紀就出現在文獻裡。到了19世紀，成為餅乾（→P.24）家族的一員，似乎是以身為用上了水果的溫熱盤裝甜點打開知名度。

之所以說英國或美國的草莓蛋糕比起海綿蛋糕（→P.215）更接近司康（→P.158）或餅乾（→P.24），是因為SHORT這個單字的意思。草莓蛋糕的SHORT是「鬆」以及「脆」的意思。只要想到名稱裡同樣有SHORT這個單字、在國內也廣為人知的奶油酥餅（→P.166）就不難理解了。

草莓蛋糕（直徑7cm的不鏽鋼塑型環6個份）

材料

草莓蛋糕
低筋麵粉 …… 225g
泡打粉 …… 1大茶匙
奶油 …… 50g
砂糖 …… 25g
蛋 …… 1個
牛奶 …… 75ml
鮮奶油 …… 200ml
糖粉 …… 1大茶匙
草莓 …… 150g

作法

1 把烘焙紙鋪在烤盤上。將烤箱預熱至220度。
2 製作草莓蛋糕。將低筋麵粉、泡打粉混合並過篩。將奶油切成適當的大小。把蛋打散備用，與牛奶攪拌均勻。
3 將2的粉類和奶油放進食物處理機，打碎到變成疏鬆的粉狀。
4 移到調理碗中，加入砂糖攪拌均勻，在正中央壓出凹槽，注入蛋和牛奶，再把麵糊撥成一團。
5 把低筋麵粉（分量另計）撒在作業台和擀麵棍上，再把麵團擀成1.5cm厚。
6 用直徑7cm的不鏽鋼塑型環切壓出形狀，並排在烤盤上，表面塗上牛奶（分量另計）。
7 以220度的烤箱烤10分鐘。
8 去除草莓的蒂頭，切成方便食用的大小。
9 把糖粉加到鮮奶油裡，打發到可以微微拉出立體的尖角。
10 將草莓蛋糕橫著對半切開，夾入鮮奶油和草莓。

唱歌蛋糕
SINGIN' HINNY

名稱取自烘烤時清脆悅耳的美妙聲音

●分類：平底鍋點心　●享用場合：下午茶、慶祝用甜點　●地區：英格蘭·諾森柏蘭郡
●成分：麵粉＋油脂＋果乾

這道甜點名稱裡的「HINNY」跟「my baby」或「my honey」一樣，都是滿懷愛意，用來稱呼對方時的字眼，通常都是對小朋友說。換言之，在製作這款蛋糕的時候，從平底鍋傳來清脆悅耳的聲音，聽起來就像小孩在唱歌，所以取名為唱歌蛋糕。

食譜寫說用平底鍋煎，但原本是用放在暖爐上，名為griddle的鐵板之類的工具製作。使用的材料不出製作甜點的基本原料麵粉、奶油等非常簡單的東西，是很樸實的點心。另一方面，也被當成生日蛋糕，比照國王餅（法國人在主顯節吃的傳統點心。把杏仁糊或杏仁奶油加進折疊派皮裡，做成圓形的甜點，裡頭藏有稱為蠶豆的小瓷偶）的作法，把硬幣藏在麵團裡下去烤。

油脂可以用豬油或沙拉油代替奶油。以英國甜點來說比較不甜，觀察流通於市面上的食譜，有的會加砂糖，有的不會。即使加了砂糖，幾乎也都只加一點點。像是本書的作法，就沒有在麵團裡加入砂糖，倘若喜歡比較甜的口味，只要加入10～15g左右的砂糖即可。另外，揉麵團的時候會用到牛奶，如果不容易成形，不妨再加一點牛奶試試。

唱歌蛋糕（1片份）

材料

低筋麵粉 …… 110g
泡打粉 …… 1小茶匙
鹽 …… 1小撮
奶油 …… 50g
葡萄乾 …… 35g
牛奶 …… 1又1/2大茶匙

作法

1 將低筋麵粉、泡打粉、鹽混合並過篩。將奶油切成適當的大小。
2 將1的粉類和奶油放進食物處理機，打碎到變成疏鬆的粉狀。
3 移到調理碗中，加入葡萄乾攪拌均勻，再加入牛奶，把麵糊撥成一團。
4 把低筋麵粉（分量另計）撒在作業台和擀麵棍上，把麵團擀成直徑15cm、厚1cm的圓形。
5 把奶油（分量另計）塗抹在平底鍋裡，開小火，把麵團放上去，用叉子等工具輕戳表面，煎15分鐘，直到表面呈現金黃色後翻面，繼續煎10分鐘。
6 煎好後，以放射狀切開。
※煎好後塗上奶油，趁熱享用。

雪泥
SNOW

簡單地用蘋果做成如雪花般輕柔的甜點

●分類：冷藏點心　●享用場合：飯後甜點　●成分：蛋白＋砂糖＋蘋果

現在的食譜中已經不太有機會看到了，但雪泥在16世紀曾經是家喻戶曉的甜點。鮮奶油布丁（→P.190）也好、水果傻瓜（→P.102）也罷，英國的冰涼凝結布丁／冷的甜點（→P.226）都會使用鮮奶油，但雪泥有點不太一樣，主要原料為蛋白。當時的作法只用少許的奶油和砂糖，以玫瑰露增添風味，再把蘋果和做成圓形的雪泥放在迷迭香的樹枝上就大功告成了。顧名思義是宛如雪花飄落在盤子上的一道甜點，通常會出現在宴客的場合上。

進入18世紀，逐漸轉變成現在的作法，把打成泥的蘋果和打發的蛋白混合攪拌均勻，做成鬆軟綿密的雪泥。本書介紹的作法就是這種版本。

雪泥的由來據說與法國的甜點安茹白起司蛋糕有關。安茹白起司蛋糕直譯是「安茹地區的奶油（Crémet d'Anjou）」，是用法國安茹地區的奶油和蛋白做的飯後甜點。據說是由曾經是法國貴族的安茹伯爵亨利，也就是後來的亨利二世開始，到後來的中世紀金雀花王朝時代，安茹白起司蛋糕被傳到英國，被稱為雪淇淋，與16世紀的雪泥大同小異。

類似雪泥的甜點在歐洲各地都可以看到。最具有代表性的當屬俄羅斯的飯後甜點──俄國軟糕，用打發的蛋白、果泥和砂糖製作這部分與雪泥相去無幾，但俄國軟糕不經冷藏，而是趁熱提供。

雪泥同時也意味著打發的蛋白，用打得蓬蓬的蛋白做成的蛋糕稱為雪泥蛋糕，或是類似的名字。

蘋果雪泥（3人份）

材料
蘋果（紅玉）…… 1個（約175g）
水 …… 50ml
檸檬汁 …… 1/2大茶匙
蛋白 …… 1個份
砂糖 …… 1又1/2大茶匙

作法
1 將蘋果切成4等分，削皮，去芯。
2 把蘋果皮和果肉、水、檸檬汁放進鍋子裡，開小火煮10分鐘。
3 取出蘋果皮，用食物處理機等打成果泥，放涼備用。
4 把蛋白放進調理碗裡打發，加入砂糖，繼續打發到可以拉出直立的尖角。加入蘋果的果泥，整個攪拌均勻。
5 盛裝到容器裡，放進冰箱冷藏。

蘇打麵包
SODA BREAD

表面大大的十字很顯眼

●分類：烘焙點心　●享用場合：下午茶、早餐、輕食　●地區：愛爾蘭　●成分：麵粉＋小蘇打粉＋鹽＋白脫牛奶

名字裡的「蘇打／soda」是「小蘇打粉／bicarbonate of soda」的意思。換句話說，蘇打麵包是用小蘇打粉做的麵包。用小蘇打製作的話就不用發酵。沒使用到酵母，用的麵粉也不是高筋麵粉，而是低筋麵粉。也不用揉麵，只要稍微揉捏成形即可，心血來潮隨時都可以做是這類速發麵包最大的優點。這麼一來應該也不難理解，何以英國的麵包教室多半都會讓初學者製作這款麵包。由於是用比較大的圓形烤模來烘烤，乍看之下很像法國麵包中的鄉村麵包，但作法大異其趣。

用來製作蘇打麵包的材料除了小蘇打粉、低筋麵粉以外，只有鹽和白脫牛奶。所謂的白脫牛奶，是指從鮮奶油萃取出奶油時剩餘的液體，在英國是經常用到的食材，也有用來製作司康（→P.158）或麵包。日本的話，可以用無糖優格代替白脫牛奶。另外，現在用全麥麵粉來製作，或是加入葡萄乾等果乾或堅果的蘇打麵包也很常見。還有加入砂糖，做成甜甜的蘇打麵包。

蘇打麵包在19世紀後半成為足以代表愛爾蘭的一道甜點。這是因為愛爾蘭自1840年代開始使用小蘇打粉的關係。用酵母做麵包在愛爾蘭並不普遍，可能也是加速小蘇打粉使用的一大主因。此外，世界各地都可以看到用小蘇打粉製作的麵包，其中最為人所熟知的大概是澳洲的丹波麵包（Damper）。傳統的丹波麵包是用營火的木炭烘烤的麵包，可見作法非常簡單。這款丹波麵包很可能是起源自愛爾蘭移民帶過去的蘇打麵包。

蘇打麵包多半都是切片後，附上奶油或果醬，在下午茶的時候吃。除了早餐以外，也可以搭配沙拉或湯，當成簡單的正餐來吃。

蘇打麵包（1個份）

材料
低筋麵粉 …… 250g
小蘇打粉 …… 1小茶匙
鹽 …… 1/2小茶匙
無糖優格 …… 200g

作法
1　把烘焙紙鋪在烤盤上。將烤箱預熱至200度。
2　將低筋麵粉、小蘇打粉、鹽混合並過篩，在正中央壓出凹槽，把無糖優格倒進凹槽裡，將麵團揉成直徑大約15cm的圓形。
3　放在烤盤上，用菜刀在表面劃出十字刻痕，撒上低筋麵粉（分量另計）。
4　以200度的烤箱烤30分鐘。
※原本使用白脫牛奶，但是在日本不容易買到，所以改用無糖優格來代替。

雪酪
SORBET

英國的雪酪與別的地方不同

● 分類：冷藏點心 　● 享用場合：飯後甜點 　● 成分：糖漿＋砂糖＋蛋

雪酪是一種冰品，咬起來卡滋卡滋的，顆粒較細的質地在炎熱的夏天吃起來特別透心涼，是一款很受歡迎的甜點。還可以讓口中變得清爽，也會出現在全餐的料理中，用來換換口味。雖然拼法都是「sorbet」，但是法文的發音與英式的發音不同，同樣的甜點在美國被稱為「sherbet」。雖然都是雪酪，但美國的雪酪與法國或英國的雪酪略有不同。在美國提到雪酪，其定義是含有1～2%的牛奶等乳製品。

無論如何，這三個國家的雪酪皆出自於同一個源頭，原本都不是冰品，而是調製成甘甜口味的冷飲。不含酒精，以果汁為主要原料。遠古的記錄裡寫作「sharâb」，一般認為是阿拉伯的甜飲料。也有把相同的飲料寫成「sharbât」的國家。

自從引進歐洲之後，這款冷飲的意思就變成冰品了。其名稱到了義大利也變成「sorbetto」、在法國變成「sorbet」、在西班牙變成「sorbete」。1533年，佛羅倫斯的梅第奇家族的凱薩琳（Catherine）嫁給法國的奧爾良公爵之際，陪嫁的廚師中就有甜點師傅，冰品因此傳入法國的宮廷，流傳到歐洲各地。冰淇淋（→P.112）也是由凱薩琳引進法國之後，在歐洲大行其道的甜點。

順帶一提，英國人所說的「sherbet」，是指在嘴裡擁有Q彈口感的零食。美式英語如今已十分普及，知道是什麼的人應該不少，但還是要多加留意。

目前的雪酪是以水果為主，再加上葡萄酒等各式各樣的材料。本書食譜使用的是琴湯尼，這是由英國人發明，深受世人所喜愛的雞尾酒。

琴湯尼雪酪（8人份）

材料
琴酒 …… 2大茶匙
通寧水 …… 300ml
檸檬 …… 1/2個
水 …… 300ml
砂糖 …… 175g
蛋白 …… 1個份

作法
1 把檸檬皮磨碎，擠出檸檬汁。
2 把水、砂糖倒進鍋子裡，開小火。煮到砂糖融化，再轉大火煮2分鐘。關火，靜置放涼。
3 把磨碎的檸檬皮、檸檬汁、琴酒、通寧水加到2裡，攪拌均勻，放進冷凍庫冰9～10小時，其使凝固。
4 將蛋白打發到可以拉出直立的尖角。
5 把3從冷凍庫裡拿出來，用打蛋器攪拌，再加入打發的蛋白，整個攪拌均勻，放回冷凍庫。

聖克萊門慕斯

用柳橙及檸檬製作的飯後甜點

●分類：冷藏點心　●享用場合：飯後甜點　●成分：吉利丁＋柳橙＋檸檬＋蛋＋砂糖＋鮮奶油

慕斯和果凍在英國也都是夏天或飯後經常可以吃到的甜點。入口即化的慕斯在超級市場等場所販賣著五花八門的口味及種類，巧克力是最具有代表性的口味，不添加吉利丁直接凝固，風味濃郁的巧克力奶酪（→P.54）正是其中之一。

以下將為各位介紹的聖克萊門慕斯是用柳橙及檸檬製作的慕斯。為什麼不以柳橙、檸檬、乃至於用來表示柑橘類的citrus之類的單字為這道甜點命名，而要取名為聖克萊門慕斯呢？這是有理由的。

過去，柳橙或檸檬等柑橘類是用船運送，經由泰晤士河進入倫敦。聖克萊門教堂就在這些貨物送到的地點附近，貨物送到的時候會敲鐘。從此以後，聖克萊門就也會被用來指稱柳橙和檸檬。

聖克萊門＝柳橙和檸檬，是英國人日常生活中的說法，鵝媽媽的童謠（Nursery Rhymes）裡就有一篇是「柳橙與檸檬」，劈頭第一句就是「Oranges and lemons, Say the bells of St. Clement's」，柳橙和檸檬和聖克萊門教堂都出現在歌曲裡了，整首歌都是押韻的檸檬與聖克萊門。在倫敦的工人階級所使用的考克尼口音中經常可以聽到類似這種用押韻的單字來表示其他意思的語言。

柳橙和檸檬是聖克萊門慕斯的主要原料，但並非是英國慕斯的招牌作法。然而用聖克萊門來指稱柳橙和檸檬，或是把用柳橙和檸檬製作的蛋糕稱為聖克萊門蛋糕是司空見慣的說法，所以經常被當成英式表現的例子。

聖克萊門慕斯（8人份）

材料
吉利丁粉 …… 5g
水 …… 2大茶匙
檸檬 …… 1個
柳橙 …… 1個
蛋 …… 3個
砂糖 …… 80g
鮮奶油 …… 300ml

作法
1 用水將吉利丁粉泡漲。為檸檬和柳橙削皮，擠出果汁。
2 把檸檬汁和柳橙汁倒進鍋子裡，開火（不需要煮到沸騰）。加入泡漲的吉利丁粉，讓吉利丁融化。再加入磨碎的檸檬皮和柳橙皮，攪拌均勻。
3 把蛋白和蛋黃分開，將蛋白打發到可以拉出直立的尖角。
4 將鮮奶油打發到可以微微拉出立體的尖角。
5 把砂糖加到蛋黃裡，打發到帶點黏性，顏色泛白為止。再加入2，攪拌均勻。分4次加入鮮奶油，攪拌均勻。再加入打發的蛋白，整個攪拌一下。
6 倒入容器，放進冰箱冷藏，使其凝固定形。

太妃糖布丁
STICKY TOFFEE PUDDING

淋上風味濃郁的太妃糖淋醬

●分類：用蒸的點心　●享用場合：下午茶　●成分：麵粉＋奶油＋砂糖＋蛋＋蜜棗

　　英式甜點可以大致分為下午茶點心與飯後甜點（又稱為布丁）。下午茶點心包含餅乾（→P.24）及司康（→P.158）、奶油酥餅（→P.166）等等，這些也是大家都很熟悉的甜點，至於後者的飯後甜點／布丁，在日本還沒有什麼知名度倒也是實情。

　　飯後甜點／布丁的種類可以說是應有盡有，五花八門，其中又以這款太妃糖布丁為英國人最喜歡的飯後甜點／布丁之一。顧名思義，是淋上黏呼呼（Sticky）「太妃糖」淋醬的布丁，相當濃郁，而且甜度驚人，所以對於習慣溫和甜味的日本人來說，評價可能會很兩極。比起淋醬，麵糊倒是沒那麼黏和甜，鬆軟綿密的口感很像蒸麵包。裡頭

加入了蜜棗（風乾的椰棗）也是其很大的特徵。上述的蜜棗是英國到處都可以看到，實際上也經常食用的果乾。

　　關於這款太妃糖布丁的由來眾說紛紜，有一說是誕生於蘭開夏，也有一說是起源自位於湖區的小村莊——卡特梅爾的商店。不管哪一種說法才是對的，都是進入1970年代才登場，屬於比較新的甜點。

　　太妃糖布丁的麵糊本來是用蒸的，但是也能用微波爐製作。最大的好處在於可以用比進烤箱烘烤更短的時間完成。此外，本書的食譜使用的不是蜜棗，而是葡萄乾，這是為了不必刻意找尋食材也能輕易製作而進行的調整。

太妃糖布丁（4人份）

材料
低筋麵粉 …… 60g
泡打粉 …… 1/2小茶匙
奶油 …… 60g
三溫糖 …… 60g
蛋 …… 1個
葡萄乾 …… 60g
紅茶（茶包）…… 1袋
熱水 …… 50ml
淋醬
　奶油 …… 30g
　三溫糖 …… 50g
　牛奶 …… 2大茶匙

作法
1　把葡萄乾、紅茶（茶包）放進容器裡，注入熱水，泡15分鐘。
2　將低筋麵粉和泡打粉混合並過篩。把蛋打散備用。將奶油（分量另計）塗抹在耐熱器皿裡。
3　把奶油放進調理碗，攪散到呈現柔滑細緻的乳霜狀。加入三溫糖，混合攪拌均勻。再加入少許已過篩的粉類，稍微攪拌一下。分3次加入蛋液，攪拌均勻。再加入剩下的已過篩粉類，整個攪拌均勻。
4　把1的茶包撈出來，連同熱水加到3裡，攪拌均勻。
5　把麵糊倒進容器裡，鬆鬆地罩上保鮮膜，放進微波爐，微波6分鐘。微波好後靜置10分鐘。
6　製作淋醬。把所有淋醬的材料倒進鍋子裡，開小火。煮到整個咕嘟咕嘟地冒泡後，再轉文火繼續煮1分鐘，煮到帶點黏性即可。
7　將5盛到盤子裡，澆上淋醬。
　　※本來用的是蜜棗，但是在日本不容易買到，所以改用葡萄乾代替。
　　※吃的時候再淋上鮮奶油（英國則是淋上低脂鮮奶油）。

草莓奶油
STRAWBERRY AND CREAM

一提到溫布頓網球錦標賽就想到這個

●分類：冷藏點心　●享用場合：下午茶　●成分：草莓＋鮮奶油

　　每年6月下旬起，在英國倫敦郊外的溫布頓會進行為期2週的體育賽事，亦即溫布頓網球錦標賽／The Championships, Wimbledon，為網壇四大國際賽事之一，也有人稱其為全英公開賽。由於電視會轉播，一下子就成為家喻戶曉的網球盛事。

　　草莓奶油就是上述溫布頓的特產之一。草莓在日本被視為春天的水果（實際上為因應聖誕節的需求，從12月起就會一口氣增加出貨量），但是在英國，夏天才是草莓的產季。溫布頓網球錦標賽的期間正是草莓開始上市的季節。

　　草莓奶油是把鮮奶油（低脂鮮奶油）淋在草莓上，是非常簡單的甜點，可以邊欣賞比賽邊吃。英國的草莓比日本的草莓還酸，即使淋上鮮奶油，風味還是很清爽。和以前比起來，日本的草莓現在是以甜度更高的草莓為主流，但過去市面上也有很多比較酸的草莓品種。為了中和酸味，通常會淋上砂糖或煉乳、牛奶來吃，感覺和草莓奶油很相近。

　　如果要為溫布頓的草莓奶油下定義，約莫是裡頭的草莓至少要有10顆以上。而且雖然沒有硬性規定，用肯特州的優質草莓來製作的草莓奶油無疑是最頂級的。為了提供新鮮草莓給溫布頓網球錦標賽，據說會在前一天採收，當天早上就要送達。根據2014年的資料顯示，溫布頓網球錦標賽的期間會消耗掉2萬8千公斤的草莓和7千公升的奶油，就算不是全部都拿來製作這道甜點，顯然也吃下大量的草莓奶油。溫布頓網球錦標賽期間，超級市場會將草莓和鮮奶油組合起來販賣，等溫布頓網球錦標賽一結束，草莓的價格就會下跌，足見草莓奶油的影響力之大。

　　草莓奶油可以說是英國初夏的風情畫，但是沒有人知道草莓奶油何時問世。有一說是由喬治五世在20世紀初期加以推廣。草莓盛產的季節與始於19世紀後半的溫布頓網球錦標賽剛好兜在一起，變成一種流行，逐漸普及。

草莓奶油（1人份）

材料
草莓（小顆的品種）…… 10顆
鮮奶油 …… 35ml

作法

1　去除草莓的蒂頭，放入碗中，淋上鮮奶油。
※原本使用低脂鮮奶油，但是在日本不容易買到，所以改用鮮奶油（可以的話請選用脂肪含量18%上下的產品）代替。

夏日布丁
SUMMER PUDDING

英國夏天最具有代表性的甜點

●分類：冷藏點心 ●享用場合：飯後甜點 ●成分：吐司＋夏季水果

顧名思義是用了夏季水果的甜點。這裡使用的夏季水果多半是紅色的水果，以草莓、覆盆子、紅醋栗、藍莓、黑醋栗等數種莓果為材料。不同於日本，草莓在英國是夏天的水果。因此，夏日布丁會用上大量的草莓。其所使用的水果全都具有充分的酸甜滋味，閃閃發光的鮮紅色也美不勝收。

用來包裹這些水果的是吐司。確實，英國有奶油麵包布丁（→P.36）及麵包粉的冰淇淋（→P.113），還有各式各樣的料理都是以麵包為原料，所以或許不值得大驚小怪，但是夏日布丁是把吐司當成麵團來用，與其他用麵包做的甜點有一線之隔。確實地吸飽水果的糖漿，口感截然不同，要是在不知情的情況下吃，大概不會想到那是吐司吧。

話說回來，夏日布丁是19世紀專為前往溫泉鄉或療養院療養的患者特製的菜單。用來製作甜點的鬆脆酥皮（→P.214）或千層酥皮（→P.214）通常都使用了大量的奶油，含有過多的脂肪。當時用來代替這些酥皮的就是吐司。問世初時的名稱叫做「水療布丁／Hydropathic Pudding」，翻譯過後就是「水療法的點心」，當時的定位是健康食品。進入20世紀後，才演變成夏日布丁這個名稱，從此以後，不再有健康食品的影子，反而成為英國夏天的風情畫。

要在日本重現這款夏日布丁可以說是困難重重，因為很難買到最重要的水果。因此，本書的作法改用草莓和黑醋栗利口酒來做。在英國可以買到夏日布丁用的水果罐頭，因此不妨趁去英國玩的時候買回來。

草莓布丁（2人份）

材料
草莓 …… 1包（250～300g）
砂糖 …… 2大茶匙
黑醋栗利口酒 …… 1大茶匙
吐司（切成8片）…… 3片

作法
1 去除草莓的蒂頭，垂直對半切開，和砂糖、黑醋栗利口酒一起放進鍋子裡，開小火煮7～8分鐘。
2 切掉吐司邊，用餅乾模把相當於蓋子的部分挖空，再把剩下的吐司塞滿在容器的側面。
3 讓吐司充分吸收4～5大茶匙在步驟1完成的草莓糖漿，輕柔地用湯匙把草莓和糖漿一起舀進去。
4 蓋上在步驟3事先挖出來備用的吐司，密密實實地包上保鮮膜，用盤子等稍微壓住，放進冰箱，冷藏一晚。
※吃的時候再淋上鮮奶油（英國則是淋上低脂鮮奶油）。

瑞士卷
SWISS ROLL

跟日本的蛋糕卷長得很像

●分類：蛋糕　●享用場合：下午茶　●成分：海綿蛋糕＋果醬

蛋糕卷在日本是非常受歡迎的甜點，以把水果加到滿滿的鮮奶油裡為主流，但是以前經常可以看到塗上薄薄一層果醬或奶油糖霜（→P.216）再捲起來的蛋糕卷，在蛋糕店裡可以買到一條裝或兩條裝的禮盒，當然平常也會買來吃。製作麵包的廠商也有在賣，還取名為「瑞士卷」。

英國也有所謂的瑞士卷，的確是同名同姓、一模一樣的甜點。與其說是時下西點店的商品，不如說是家常甜點，在超級市場或當地的烘焙坊也買得到。

在以口感紮實為主流的英式蛋糕中，瑞士卷的蛋糕體算是比較柔軟的質地。若以法式甜點來說，則相當於熱那亞（Genoise）海綿蛋糕而非海綿蛋糕。今時今日，日本的蛋糕卷多半是用所謂的海綿蛋糕（→P.215）來做，但如果是傳統的瑞士卷，用的則是用了很多蛋，比較接近長崎蛋糕的配方，英國的瑞士卷比較像這種日本古早味的蛋糕卷。

為何英國稱其為瑞士卷呢？似乎和日本的麵包製作者有不同的理由。有一說是瑞士卷起源自維多利亞女王從瑞士帶回這種蛋糕。首次登上食譜則是在1897年的時候，所以至少是歷史已經達一個世紀以上的甜點。

不過，英國也有用比較多奶油或餡料來做的蛋糕卷，麵糊也有巧克力等口味（有時候還會改用蛋白霜來做）。這種可以說是瑞士卷進化版的甜點稱為「○○瑞士卷／Swiss Roll」、「○○毛巾蛋糕／Roulade」。後者的語源是法文，經常可以在英國以外的語言裡看到。

瑞士卷（26×19cm的烤盤1盤份）

材料
低筋麵粉 …… 85g
泡打粉 …… 1小茶匙
砂糖 …… 65g＋適量
（1大茶匙左右）
蛋 …… 3個
香草精 …… 2～3滴
覆盆子果醬 …… 適量
（3大茶匙左右）

作法
1. 把奶油（分量另計）塗在烤盤上，鋪上烘焙紙。將烤箱預熱至200度。
2. 將低筋麵粉和泡打粉混合並過篩。
3. 把蛋和65g砂糖放進調理碗，打發到帶點黏性，顏色泛白為止。再加入過篩的粉類和香草精，攪拌均勻。
4. 把麵糊倒進烤盤，將表面抹平，以200度的烤箱烤10分鐘。
5. 把砂糖（1大茶匙左右）鋪平在烘焙紙上。
6. 趁熱把蛋糕倒扣在5上面，均勻地抹上覆盆子果醬，捲起來。
7. 捲好後，靜置30分鐘左右，好讓形狀固定。

鮮奶油布丁

SYLLABUB

用喝的飯後甜點

●分類：冷藏點心　　●享用場合：飯後甜點　　●成分：鮮奶油＋砂糖＋酒

可能沒幾個人想得到，但英國是酪農業十分興盛的國家。換句話說，有很多高品質的乳製品，奶油、牛奶、起司自然不用說，鮮奶油的種類也很豐富。還有很多以經常用來製作甜點的伊頓混亂（→P.86）或蘇格蘭覆盆莓黃金燕麥（→P.70）等鮮奶油為主的甜點菜單。這些甜點的作法都很簡單，鮮奶油布丁也是其中之一。

鮮奶油布丁從16世紀到19世紀之間，是在英國非常受歡迎的甜點。關於其語源至今仍是個謎，有一說是把法國香檳區的地區名稱「Sill／Sille」和當時英文裡語中意味著氣泡飲料的「bub」連起來的造詞。另外也有人把鮮奶油布丁拼成「Sillabub」或「Sillebub」。

鮮奶油布丁是把鮮奶油做成略為凝固的甜點，其質地甚至還引起到底是飲料還是食物的討論。現在提到鮮奶油布丁，大家的印象都是把砂糖、用來增添香氣的檸檬或酒加到脂肪含量較高的鮮奶油——高脂鮮奶油（→P.221）裡製作的那種類型。有的會再加入水果，加以變化。然而過去是以飲料式的鮮奶油布丁為主流。將剛擠出來的溫熱牛奶加到充滿香料風味的蘋果酒或愛爾啤酒，過了一會兒，表面就會產生一層薄薄的凝乳，底下則是美味的乳漿。這就是當時的鮮奶油布丁。考慮到以上的背景，會引發議論也就不難理解了。

在那之後，又出現了名叫「Everlasting Syllabub」，形狀比過去的鮮奶油布丁穩定，介於液體與固體之間的鮮奶油布丁，這就是現在鮮奶油布丁的雛型。本書為大家介紹的作法也是這種新型態的鮮奶油布丁。

檸檬鮮奶油布丁（4人份）

材料

鮮奶油 …… 200ml
砂糖 …… 40g
白酒 …… 3大茶匙
白蘭地 …… 1大茶匙
檸檬 …… 1個

作法

1 把檸檬表面的皮削掉一些，切成碎末，預留為裝飾用。擠出檸檬汁。

2 把鮮奶油和砂糖放進調理碗，稍微打發。加入白酒、白蘭地、檸檬汁，打發到可以微微拉出立體的尖角。

3 倒入容器，放進冰箱，冷藏30分鐘以上。

4 撒上1的檸檬皮做裝飾。

1 古典的翻糖裝飾藝術細緻到令人瞠目結舌的地步。 **2** 令人眼睛為之一亮的時尚感。動物的造型深受小朋友喜愛。 **3** 翻糖裝飾藝術可以為店面增色。做成皇冠或花束之類的造型也很有意思。 **4** 利用翻糖裝飾藝術呈現出走在流行尖端的高跟鞋。 **5** 把施以翻糖裝飾藝術的蛋糕擺在精品店的櫥窗裡也很迷人。

甜點的傳統工藝
——翻糖裝飾藝術

英國人在結婚或生日等特別的日子有個習慣,那就是要吃施以翻糖裝飾藝術的蛋糕。英國的蛋糕店通常會放在店頭當展示,順便當樣品,所以應該有很多人就算沒吃過也看過吧。

其中最吸睛的莫過於用翻糖裝飾得美不勝收的蛋糕。翻糖裝飾藝術的原文是Sugar Craft,細緻又美麗的技巧令人大開眼界,說是工匠的技藝也不為過。品味是一定要的,還要有靈巧的雙手與毅力,才能將其具現化,完成品的蛋糕與作品無異。美麗的翻糖裝飾藝術很像日本的和菓子,都是將心力貫注在小小的東西上,創造出美麗的藝術品。

翻糖裝飾藝術的工程

翻糖裝飾藝術的亮點在於做成巧奪天工的華麗裝飾,這是用以吉利丁及糖粉、水做的翻糖糖膏或杏仁糖膏製成的蛋糕。比照捏黏土的要領,雕塑成玫瑰或雛菊。順帶一提,最初在翻糖裝飾藝術教室學習的花多半是玫瑰花。

而且仔細一看,通常都會雕塑成非常精緻的模樣。這是用蛋白糖霜(Royal icing,把蛋白混合砂糖製作成裝飾用的糖霜)為蛋糕做裝飾的手法。把蛋白糖霜裝進擠花袋裡,描繪出圖案或寫字。擠出蛋白糖霜,乾了以後就會成為蛋糕側面或表面的裝飾。

用來製作翻糖裝飾藝術的蛋糕多半是濕潤紮實的水果蛋糕(→P.104),先用杏仁糖膏圍起來,再覆上一層翻糖糖膏,把表面抹平,將蛋糕表面當成畫布,再擺上裝飾用花朵或用杏仁糖膏製作的圖案。

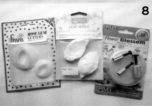

英國是翻糖裝飾藝術的大本營

這種翻糖裝飾藝術始於英國歷史上最絢爛豪華的維多利亞王朝時代。時至今日，不只英國，翻糖裝飾藝術在澳洲或紐西蘭、美國也很盛行，甚至逐漸滲透到日本國內，但終究還是以英國為主場。

自己製作翻糖裝飾藝術需要技術，所以烹飪教室也會舉辦翻糖裝飾藝術的講座。如果要真正玩出個名堂來，必須花時間去上正式教學的課程，但是也有針對只想稍微體驗一下的人所提供的一日課程，初學者也能輕鬆地參加。

遵守傳統的同時也要持續進化

翻糖裝飾藝術需要專業的技術，所以主要還是以向專賣店訂製為主，百貨公司或蛋糕店、烘焙坊都接受這樣的訂單。在英國還有翻糖裝飾藝術專用的焙烘材料行，近年來，英國吹起了一陣烘焙的風潮，超級市場的烘焙貨架上琳琅滿目、應有盡有。或許品項沒有專賣店那麼齊全，但是如果想找尋翻糖裝飾藝術相關的商品，不妨先從上超級市場逛逛開始。

這種做成翻糖裝飾藝術的蛋糕，傳統上都有三層，再不然就是比較大的整模蛋糕，但是在英國，甜點的體積愈來愈小，把杯子蛋糕（→P.90）那種大小的蛋糕裝飾得漂漂亮亮的情況也所在多有，有的也會運用到翻糖裝飾藝術。也不是只有古典的設計，如今到處都可以看到充滿現代感，既時尚又可愛的翻糖裝飾藝術。可見翻糖裝飾藝術雖然正隨著時代不斷演進，但依舊保有高度的技巧與藝術性。

6 初學者也能參加的翻糖裝飾藝術教室大行其道。 7 比照捏黏土的要領，雕塑成玫瑰花。 8 葉子和花的模型和用來印出葉脈的模型。 9 近年來，也會在杯子蛋糕這種小型的蛋糕上施以細緻的翻糖裝飾藝術。 10 還出版了專門的雜誌，詳盡地介紹技巧、作法及最新資訊。

紅茶小蛋糕
TEA CAKES

在下午茶時間吃的麵包甜點

●分類：發酵點心　●享用場合：下午茶　●成分：麵粉＋奶油＋砂糖＋蛋＋果乾＋香料

　　紅茶小蛋糕是在下午茶吃的甜點。雖說是蛋糕，但其實比較像是麵包甜點。基本上都會加入果乾，香料風味十足。使用了把蛋和奶油加到麵粉裡做成的濃郁風味麵團，再揉成直徑10～15cm的圓形。可以直接吃，不過在下午茶時間點這道甜點時，通常會對半切開，烤過，與奶油一起送上桌。

　　紅茶小蛋糕的確是與喝下午茶的習慣一起問世。19世紀中葉的人1天只吃2餐，晚餐是在8點的時候吃。這麼一來，早餐與晚餐之間的空檔太久，無論如何都會肚子餓，因此逐漸開始會在傍晚的下午茶時段吃甜點或麵包，同樣以為了墊肚子的理由出現在市面上的就是紅茶小蛋糕，隨後在聚會的社交場合發展成喝下午茶的習慣。

　　英國還有一種紅茶小蛋糕，是用餅乾（→P.24）為基底做的小點心，放上軟綿綿的棉花糖，再包覆上一層巧克力。蘇格蘭的「Tunnock's」是很知名的品牌，常常出現在咖啡館裡，當成甜甜的小點心來吃。想當然耳，在超級市場也能輕鬆買到。

伯爵茶小蛋糕（16個份）

材料

高筋麵粉 …… 500g
速發乾酵母 …… 2小茶匙
鹽 …… 1/2小茶匙
砂糖 …… 35g
奶油 …… 60g
蛋 …… 1個
牛奶 …… 275ml
牙買加胡椒、肉桂、肉荳蔻
　（混合而成）…… 1/2大茶匙
葡萄乾 …… 100g
綜合果乾 …… 80g
柳橙皮 …… 10g
伯爵茶（茶包）…… 2袋
熱水 …… 200ml
杏桃果醬 …… 適量

作法

1　將柳橙皮切碎，與葡萄乾、綜合果乾一起放進調理碗。
2　用熱水把伯爵茶（茶包）泡開，倒進1裡，靜置一晚。
3　把奶油（分量另計）塗抹在調理碗裡。將牙買加胡椒、肉桂、肉荳蔻攪拌均勻。將速發乾酵母和砂糖混合攪拌均勻。把蛋打散備用。把牛奶倒進鍋子裡，加熱，要在煮滾前就把火關掉，加入奶油。
4　將高筋麵粉和鹽混合並過篩，加入3的香料、混合攪拌均勻的速發乾酵母和砂糖拌勻後，在正中央壓出凹槽，倒進蛋、加熱的牛奶和奶油、1大茶匙的伯爵茶湯。
5　揉5～10分鐘，直到出現彈性，表面變得光滑為止。
6　移到塗了奶油的調理碗裡，放在溫暖的場所發酵1小時。
7　把烘焙紙鋪在烤盤上。
8　把果乾加到麵團裡，揉捏麵團（擠出空氣），切成16等分。
9　把切好的麵團揉成圓形，放在烤盤上。
10　放在溫暖的場所發酵30分鐘。將烤箱預熱至200度。
11　以200度的烤箱烤12～15分鐘。
12　從烤箱裡拿出來，表面塗上杏桃果醬，再放回烤箱裡，繼續烤1～2分鐘。

紅茶磅蛋糕
TEA LOAF

紅茶的風味十分迷人的磅蛋糕

●分類：蛋糕　●享用場合：下午茶　●成分：麵粉＋砂糖＋蛋＋香料＋果乾＋紅茶

紅茶磅蛋糕與紅茶小蛋糕（→P.194）的名稱大同小異，但是顧名思義，相較於紅茶磅蛋糕是用長方形的磅蛋糕模型烘烤而成的蛋糕，紅茶小蛋糕（→P.194）則是做成圓形。而且還有一個很大的差異，紅茶小蛋糕（→P.194）是為了在下午茶時間享用而製作的甜點，蛋糕本身不見得一定要有紅茶的味道。然而，紅茶磅蛋糕卻一定要有紅茶的味道，是貨真價實的紅茶風味磅蛋糕。

一聽到紅茶，就會下意識地想到英國這個國家，這款紅茶磅蛋糕原本是利用剩下的冷紅茶製作，或許會給人英式甜點的刻板印象。實際上，這是上一個時代的家庭會做的甜點，現在已經不太有人做了。這點也與英

國人目前仍經常在家庭或職場上喝紅茶，可是一旦上街，到處都有連鎖咖啡廳，其他飲料的選擇愈來愈多的事實不謀而合。

因為使用了果乾，用磅蛋糕模型烤出來的外觀會讓人想起威爾斯的傳統甜點——斑點麵包（→P.18），但是相較於斑點麵包（→P.18）原本是發酵點心，紅茶磅蛋糕的製作不需要發酵，而且在大部分的情況下也不會加入奶油之類的油脂，可以做出非常清爽的風味。

通常會把紅茶磅蛋糕切成薄片，塗上奶油來吃。天然甘甜的果乾含有紅茶的風味，放上藍紋起司，搭配葡萄酒一起吃也不錯。

葡萄乾紅茶磅蛋糕（12×21.5cm的磅蛋糕模型1個份）

材料
低筋麵粉 …… 300g
泡打粉 …… 1大茶匙
三溫糖 …… 110g
蛋 …… 1個
葡萄乾 …… 250g
綜合果乾 …… 100g
紅茶（茶包）…… 2袋
熱水 …… 300ml

作法
1　將葡萄乾、綜合果乾、三溫糖放進調理碗。
2　用熱水把紅茶（茶包）泡開，倒進1裡，靜置一晚。
3　把奶油（分量另計）塗抹在調理碗裡，鋪上烘焙紙。將烤箱預熱至150度。
4　將低筋麵粉和泡打粉混合並過篩。把蛋打散備用。
5　把混合並過篩的粉類和蛋加到2裡，攪拌均勻。
6　把麵糊倒入模型，將表面抹平，以150度的烤箱烤1小時30～45分鐘。

微醺蛋糕
TIPSY CAKE

別名：刺蝟蛋糕／Hedgehog Cake

加入大量的雪莉酒製作而成

●分類：蛋糕　●享用場合：飯後甜點　●成分：海綿蛋糕＋酒＋卡士達醬

「TIPSY」是「微醺」的意思。顧名思義，使用了大量的雪莉酒是其特徵。除了雪莉酒以外，也可以使用白蘭地或甘口的葡萄酒、或是適合這款蛋糕的酒類，共通點是全都使用了大量的酒。

誕生於18世紀中葉的微醺蛋糕，說是在鮮奶油布丁（→P.190）的作法逐漸成熟的過程中發展出來的甜點也不為過。在作法簡單，只需為鮮奶油增添風味的鮮奶油布丁（→P.190）裡加入餅乾（→P.24）和奶油的組合後，就成了這款微醺蛋糕。不是用剛出爐的海綿蛋糕（→P.215），而是用已經放了好幾天，變得有點乾乾的蛋糕體來做，不難想像這麼做或許是為了不要浪費已經變得不新鮮的蛋糕也說不定。

如今足以代表英國的甜點——查佛鬆糕（→P.202）跟微醺蛋糕一樣，都是由海綿蛋糕（→P.215）、酒、卡士達醬（→P.216）組合而成。查佛鬆糕因為使用了水果，有時候還會用上果凍，看起來很豐盛，所以至今仍是非常受歡迎的甜點。

現在雖然無法拍胸脯說微醺蛋糕在英國是很受歡迎的甜點，但它也保留了濃厚的傳統色彩。微醺蛋糕是在美國還是英國殖民地的時代傳入，被當成飯後享用或是在聚會場合提供的甜點。事實上，微醺蛋糕也經常出現在美國的食譜裡。

也有人會把這款微醺蛋糕做成橢圓形，最後再插上杏仁片。這麼一來，外表看起來很像刺蝟，所以又叫「刺蝟蛋糕／Hedgehog Cake」，模樣非常可愛，只要把酒換成果汁，就能做成讓小朋友吃得眉開眼笑的一道甜點。

微醺蛋糕（直徑18cm的圓型烤模1個份）

材料

海綿蛋糕（→P.215）…… 1個
雪莉酒 …… 6大茶匙
杏桃果醬 …… 4大茶匙
卡士達醬（→P.216）…… 約175g

作法

1 事先在3～4天前先把海綿蛋糕烤好（→P.215）。
2 製作卡士達醬（→P.216）。
3 將海綿蛋糕水平切成3等分，各自插上竹籤／牙籤。
4 把用來作為底部的海綿蛋糕沾滿2大茶匙的雪莉酒，塗上2大茶匙的杏桃果醬。再把第二層的海綿蛋糕沾滿2大茶匙的雪莉酒，塗上2大茶匙的杏桃果醬。最後再把第三層的海綿蛋糕沾滿2大茶匙的雪莉酒。
5 淋上卡士達醬。
※做好以後不妨再等幾個小時，讓雪莉酒確實地滲透到海綿蛋糕裡再享用。

糖蜜餡塔
TREACLE TART

用糖漿製作的簡單甜點

━━━━━━━━━━━━━━━━━━━━━━━━━━━━━━━━━━━━

●分類：塔　●享用場合：下午茶、飯後甜點　●成分：鬆脆酥皮＋糖漿夾心

　　甜點名稱裡的「TREACLE」是一種糖蜜，指的是未經精製的砂糖，因此是黑色的。糖蜜餡塔是指「曾經使用」這種糖蜜為夾心的塔。之所以用「曾經使用」這種過去式來形容，是因為現在用的並不是糖蜜，而是轉化糖漿。轉化糖漿同樣是一種糖蜜，呈現淡淡的金黃色。轉化糖漿誕生於19世紀後半。截至目前都是用糖蜜製作的糖蜜餡塔，在轉化糖漿問世後，便改用轉化糖漿來做，也因此變成普遍的作法。順帶一提，美國稱糖蜜為「molasses」（嚴格來說並不是同一種東西）。

　　糖蜜餡塔的夾心只有轉化糖漿、麵包粉、檸檬而已。只要將這些材料混合均勻，放進鋪有鬆脆酥皮（→P.214）的派模裡烘烤即可，非常簡單。再加上使用了麵包粉，想必是從家庭主婦不願意浪費食物的智慧而來。

　　糖蜜餡塔使用了大量的轉化糖漿，因此味道非常甜，是一種質地濃稠的甜點。不只是小朋友，就連大人也很喜歡，平易近人的感覺是其醍醐味所在。在酒吧的菜單上也算是很熱門的甜點。以糖蜜餡塔為首，不管是太妃糖，還是太妃糖布丁（→P.182），那種黏牙的口感深受英國人喜愛。

　　不管是剛出爐的狀態，還是放涼以後，糖蜜餡塔吃起來都相當美味。直接吃也很好吃，但是加上鮮奶油或冰淇淋、卡士達醬（→P.216）來吃會更有英式風味。

━━━━━━━━━━━━━━━━━━━━━━━━━━━━━━━━━━━━

糖蜜餡塔（直徑18cm的派模1個份）

材料
鬆脆酥皮（→P.214）…… 225g
蜂蜜 …… 200g
麵包粉 …… 25g
檸檬 …… 1/2個

作法
1 做好鬆脆酥皮，放在冰箱裡備用（→P.214）。
2 將烤箱預熱至190度。把奶油（分量另計）塗抹在派模裡。
3 將鬆脆酥皮擀成2mm厚，鋪在派模裡，切除多出來的部分，放進冰箱，要用的時候再拿出來。
4 為檸檬削皮，擠出檸檬汁，與蜂蜜、麵包粉混合攪拌均勻。
5 把4加到3裡，將表面抹平，以190度的烤箱烤25分鐘。
※原本使用轉化糖漿，但是在日本不容易買到，所以改用蜂蜜代替。

查佛鬆糕
TRIFLE

在聚會場合大獲好評的飯後甜點

●分類：蛋糕 ●享用場合：飯後甜點 ●成分：海綿蛋糕＋酒＋卡士達醬＋水果／果醬＋鮮奶油

把卡士達醬（→P.216）、水果或果醬、鮮奶油依序重疊在浸泡過雪莉酒或白酒的海綿蛋糕（→P.215）上，有的人會再加上果凍（→P.81），是英國傳統的布丁之一。餐廳的菜單有這道甜點，也經常出現在家人聚餐的場合或子女們的聚會上。並不是因為查佛鬆糕有什麼喜慶的意思，而是具有可以一次大量製作的方便性。在英國的家庭裡，很少有人會從頭開始製作查佛鬆糕。因為市面上就能買到海綿蛋糕（→P.215）及卡士達醬（→P.216），只要把材料買回來，重疊上去就行了，也不需要特別的裝飾。順帶一提，市面上還有所謂的綜合查佛鬆糕，亦即事先把海綿蛋糕（→P.215）和卡士達醬（→P.216）等組合在一起販賣。

查佛鬆糕最早出現在食譜上是1596年的時候。不過當時的查佛鬆糕跟現在的查佛鬆糕不太一樣，是充滿香料風味的甜奶油，比較接近水果傻瓜（→P.102）或現在的鮮奶油布丁（→P.190）。18世紀中葉，開始採取把海綿蛋糕（→P.215）浸泡在葡萄酒裡，再疊上其他材料的作法，鮮奶油也換成原味。類似這種顯然與鮮奶油布丁（→P.190）有關的甜點還有微醺蛋糕（→P.198）。

英國還有一種「英式甜羹」，原文直譯為英國風味的湯（zuppa inglese），與查佛鬆糕大同小異的甜點。之所以會以湯為名，是因為把蛋糕浸泡在酒裡，此外，像是把食材重疊上去這點也很類似。與查佛鬆糕的相關係並不明朗，總而言之是英國人愛吃的食物，所以才會取名為英式甜羹吧。

查佛鬆糕（8人份）

材料
海綿蛋糕（直徑18cm的圓形蛋糕模）
　（→P.215）…… 1/2模
卡士達醬（→P.216）…… 約175g
雪莉酒 …… 5大茶匙
覆盆子果醬 …… 5大茶匙
綜合水果罐頭 …… 1罐
　（淨重約240g）
鮮奶油 …… 200ml
砂糖 …… 15g

作法
1　烘烤海綿蛋糕（→P.215）。製作卡士達醬（→P.216）。瀝乾綜合水果罐頭的水分。
2　把海綿蛋糕切成2cm的小丁。
3　把海綿蛋糕放進容器，淋上雪莉酒，混合攪拌均勻。再加入覆盆子果醬，混合攪拌均勻。
4　把砂糖加到鮮奶油裡，打發到可以微微拉出立體的尖角。
5　把卡士達醬倒進3裡，放上綜合水果（留下大約20顆裝飾用），再淋上鮮奶油，撒上裝飾用的綜合水果。

土耳其軟糖
TURKISH DELIGHT

瀰漫著異國風情，英國版的「素甘」

●分類：砂糖點心 ●享用場合：下午茶、慶祝用甜點 ●成分：砂糖＋玉米澱粉＋塔塔粉

像是軟糖又像是果凍（→P.81），特色在於擁有Q彈的口感，餘韻不絕的強烈甜味。外觀如同常溫即可食用的果凍（→P.81）與口感相映成趣，在以用麵粉或奶油焙烤而成的甜點或奶油為主的英式甜點中大放異彩。

土耳其軟糖直接翻譯過來是「土耳其的歡愉（Turkish Delight）」，顧名思義是起源自土耳其的軟糖甜點，於19世紀後半被介紹到包括英國在內的整個歐洲，流傳至今。在土耳其的名稱是lokum，但是為了在歐洲販賣，改名為Turkish Delight，這也是其名稱的由來。不同於現在，土耳其在當時還是似近實遠的異國，巧妙地利用這一點的命名方式，肯定也為土耳其軟糖的廣受歡迎推了一把。

土耳其軟糖是日常生活中常吃的甜點，也是很有名的聖誕節甜點。話雖如此，並沒有宗教上的意義，只是剛好很適合買來送人或當成零食吃。事實上，不只是聖誕節，如今已逐漸成為送禮時必然會想到的選項。所以土耳其軟糖的定位或許更接近巧克力。有平常就能順手捻來吃的土耳其軟糖，也有像精緻粒狀巧克力那樣，充滿藝術性的土耳其軟糖。如果是後者，會有很多送禮的需求也是理所當然的結果。

材料為砂糖、玉米澱粉、塔塔粉（酒石酸氫鉀）及香料。有各式各樣的口味，但是以檸檬和玫瑰最常見，也有很多加入了開心果等堅果的土耳其軟糖。在一般家庭用的食譜裡，經常可以看到用吉利丁加以凝固的簡易作法，本書介紹的也是這種用吉利丁製作的土耳其軟糖。

土耳其軟糖（9×13cm的容器1個份）

材料
吉利丁粉 …… 5g
水 …… 2大茶匙＋50ml
砂糖 …… 150g
玫瑰露 …… 1小茶匙
紅色食用色素 …… 1小撮
糖粉 …… 2大茶匙
玉米澱粉 …… 1大茶匙
沙拉油 …… 適量

作法
1 為容器抹上薄薄一層沙拉油。用2大茶匙的水將吉利丁粉泡漲。
2 把50ml的水和砂糖倒進鍋子裡，開火，將砂糖煮到融化。加入泡漲的吉利丁粉，以文火煮5分鐘。
3 將鍋子從爐火上移開，加入玫瑰露及紅色食用色素，攪拌均勻，倒進容器裡。
4 充分放涼後，放進冰箱裡，使其冷卻凝固。
5 將糖粉和玉米澱粉混合並過篩。
6 把4從容器裡拿出來，切成一口大小（2cm小丁），放到5裡，均勻地裹上一層粉。

維多利亞三明治蛋糕
VICTORIA SANDWICH CAKE
別名：維多利亞海綿蛋糕／Victoria Sponge Cake

具有代表性的英式甜點

●分類：蛋糕　●享用場合：下午茶　●地區：懷特島　●成分：麵粉＋奶油＋砂糖＋蛋

在為數眾多的英式甜點中，若說哪種是最具有英國風味的甜點，莫過於這款維多利亞三明治蛋糕了。單純的材料與配方，再加上琳琅滿目的變化，以及歷史悠久的背景。擁有簡單卻曲折的故事正是這款維多利亞三明治蛋糕的特徵。

維多利亞三明治蛋糕的「維多利亞」是指在19世紀，英國作為大英帝國，對世界擁有絕大影響力的時代中，君臨天下的那位維多利亞女王。女王在位近64年，於一旁支持著她的，則是她的丈夫艾伯特公爵，只可惜艾伯特公爵在1861年因病猝逝，維多利亞女王太過悲傷，幾乎有10年的歲月無心政事。這時維多利亞女王為了避人耳目，安靜度日，選擇待在懷特島的奧斯本莊園。

據說維多利亞三明治蛋糕就是為安慰傷心欲絕的維多利亞女王所做的甜點。維多利亞女王很中意這款只簡單夾入果醬的樸實蛋糕，所以這種蛋糕就被稱為維多利亞三明治蛋糕。

維多利亞三明治蛋糕使用了相同比例的麵粉、奶油、砂糖、蛋。如今會用克、公斤來標示或註記，但英國的食譜原本都寫成盎司（→P.217）。如果要用直徑18cm的圓形蛋糕模來烤維多利亞三明治蛋糕，通常都是以各6盎司的材料來烤，所以很好記。1盎司約28.3克，換句話說，各使用了大約175克的材料。假設以1個蛋為2盎司來換算，等於要用到3個蛋。

磅蛋糕也是以相同比例的麵粉、奶油、砂糖、蛋來製作，但是因為烘烤時的模型不一樣，所以才有此稱呼，但類型都屬於蛋糕，在法國點心裡面亦是如此。因此很容易進行變化，包括下一頁為大家介紹的大理石蛋糕（→P.209），英式瑪德蓮蛋糕（→P.82）及仙女蛋糕（→P.90）、老奶奶櫻桃蛋糕（→P.138）都是以維多利亞三明治蛋糕為基礎做成的變化款。

維多利亞三明治蛋糕（直徑18cm的圓型烤模1個份）

〈基本的配方〉麵粉：奶油：砂糖：蛋＝1：1：1：1

材料
低筋麵粉 …… 175g
泡打粉 …… 1又1/2小茶匙
奶油 …… 150g
砂糖 …… 150g
蛋 …… 3個
牛奶 …… 2～3大茶匙
香草精 …… 2～3滴
覆盆子果醬 …… 3大茶匙
糖粉 …… 1/2小茶匙

作法
1 將奶油置於室溫中，放軟備用。把奶油（分量另計）塗抹在模型裡，鋪上烘焙紙。將烤箱預熱至180度。
2 將低筋麵粉和泡打粉混合並過篩。把蛋打散備用。
3 把奶油放進調理碗，攪散到呈現柔滑細緻的乳霜狀。加入砂糖，混合攪拌均勻。再加入少許過篩的粉類，稍微攪拌一下。分3次加入蛋液，攪拌均勻。加入剩下的已過篩粉類，稍微攪拌一下。再加入牛奶、香草精，攪拌均勻。
4 把麵糊倒入模型，將表面抹平，以180度的烤箱烤45～50分鐘。
5 水平對半切開，夾入覆盆子果醬，再撒上糖粉。

平常就可在超級市場買到維多利亞三明治蛋糕。

超級市場也有賣迷你版的維多利亞三明治蛋糕。

　　維多利亞三明治蛋糕的裝飾很簡單，只需把果醬夾入兩層蛋糕間，頂多完成時再撒些糖粉。現在的作法多半都是夾入奶油糖霜（→P.216）或鮮奶油，也有人會加入新鮮的水果。此外，也可以隨心所欲地在麵糊裡加入杏仁粉或玉米澱粉等，享用不同的口感。本書的作法則是藉由減少奶油及砂糖的用量來呈現出比較輕盈的口感。使用的果醬以覆盆子為主。日本人用於製作甜點的水果或果醬多為草莓，但是英國人使用的水果或果醬多為覆盆子，尤其是果醬，更以覆盆子占了壓倒性的多數。

　　有人會省略最後的蛋糕二字，將維多利亞三明治蛋糕稱為維多利亞三明治，或者是稱為維多利亞海綿蛋糕或維多利亞海綿。雖說是海綿，卻不是口感鬆軟又輕盈的海綿蛋糕（→P.215），也不是法國甜點中的熱那亞（Genoise）海綿蛋糕。

維多利亞女王經常會被用來當成設計主題，也會出現在酒吧的招牌上。

大理石蛋糕
MARBLE CAKE

水乳交融的
兩種顏色美不勝收

●分類：蛋糕　●享用場合：下午茶
●成分：麵粉＋奶油＋砂糖＋蛋＋可可粉

　　相傳大理石蛋糕是在1860年代誕生自盎格魯美洲。把蛋糕放進烤箱以前，先為其中一半上色，交錯放入模型烘烤而成。以這種方式製作的蛋糕，切開以後，上色的部分會與原本黃色的部分水乳交融，看起來很像大理石的紋路，所以取名為大理石蛋糕。作法很簡單，完成品又很漂亮，還能運用在維多利亞三明治蛋糕（→P.206）上。多半以可可粉上色，也可以用食用色素做出令人眼花撩亂的顏色。

大理石蛋糕
（直徑18cm的圓型烤模1個份）

〈基本的配方〉麵粉：奶油：砂糖：蛋＝
1：1：1：1＋可可粉

材料

低筋麵粉 …… 175g
泡打粉 …… 1又1/2小茶匙
奶油 …… 150g
砂糖 …… 140g
蛋 …… 3個
牛奶 …… 2～3大茶匙
香草精 …… 2～3滴
可可粉 …… 1又1/2大茶匙
熱水 …… 2大茶匙

作法

1　將奶油置於室溫中，放軟備用。把奶油（分量另計）塗抹在模型裡，鋪上烘焙紙。將烤箱預熱至180度。

2　將低筋麵粉和泡打粉混合並過篩。把蛋打散備用。將熱水注入可可粉，使其溶化。

3　奶油放進調理碗，攪散到呈現柔滑細緻的乳霜狀。加入砂糖，攪拌均勻。再加入少許過篩的粉類，稍微攪拌一下，分3次加入蛋液，攪拌均勻。加入剩下的已過篩粉類，稍微攪拌。再加入牛奶、香草精，攪拌均勻。

4　把2的可可加到其中一半的麵糊裡攪拌，與原味麵糊輪流倒進模型裡，將表面抹平。

5　以180度的烤箱烤45～50分鐘。

薄脆餅乾
WATER BISCUITS

口感酥脆，是搭配起司的好伙伴

●分類：餅乾　●享用場合：下酒菜　●成分：麵粉＋水

　　雖然叫做餅乾，但是裡頭並沒有砂糖，所以不甜，也不軟。非常薄，是口感極為酥脆的餅乾，表面有一個一個的小洞是其特徵。對日本人而言，比起餅乾，稱為蘇打餅或許更容易理解。英國有幾個家喻戶曉的品牌，像是「Carr's」或「Jacob's」。為原味的餅乾，沒有加入果乾或香料，過去用來代替麵包，現在則是搭配起司的好伙伴，在喝葡萄酒的時候，把起司放在這種餅乾上來吃，美味得不得了。

　　走一趟超級市場，薄脆餅乾通常都放在非常顯眼的地方，很多家庭都會囤貨。這麼說來，或許會讓人以為這種餅乾在現代生活中大家大多都是直接用買的，其實在家裡就可以非常簡單地製作。市面上有許多號稱作法非常簡單的餅乾，但是或許再也沒有比這款薄脆餅乾更簡單的作法了。基本上只要有水和麵粉就能做，而且用比較高的溫度烘烤，所以使用烤箱烘烤的時間也比較短。

　　至於本書的作法，因為想讓它有點味道，所以加入了一點人造奶油。如果想做出柔軟又濃郁的風味，不妨把一半的水換成牛奶，再以奶油代替人造奶油。

薄脆餅乾（12片份）

材料
低筋麵粉 …… 110g
烘焙粉 …… 1小茶匙
鹽 …… 1小撮
人造奶油 …… 15g
水 …… 2大茶匙

作法
1　把烘焙紙鋪在烤盤上。將烤箱預熱至200度。
2　將低筋麵粉和泡打粉、鹽混合並過篩。把人造奶油和水放進鍋子，開火，將人造奶油煮到融化。
3　在過篩的粉類正中央壓出凹槽，倒入人造奶油和水，把麵糊撥成一團。
4　把低筋麵粉（分量另計）撒在作業台和擀麵棍上，把麵團擀成薄薄一片，再用直徑7cm的圓形餅乾模切壓出形狀。
5　並排在烤盤上，用叉子輕輕地戳洞。
6　以200度的烤箱烤10分鐘。

威爾斯小蛋糕

WELSH CAKES

老少咸宜、人見人愛的樸實點心

●分類：平底鍋點心　●享用場合：下午茶　●地區：威爾斯　●成分：麵粉＋奶油＋砂糖＋蛋＋果乾

■ WELSH CAKES

顧名思義，威爾斯小蛋糕是威爾斯的甜點。在威爾斯當地的語言中，威爾斯小蛋糕的拼音應該是「pice ar y maen」，翻譯成英文是「cakes on the stone」，亦即「石頭上的蛋糕」的意思，原本是用一種叫做烘焙石的鐵板烘烤而成，現在一般家庭通常改用平底鍋煎，但是威爾斯的傳統點心或料理中其實有很多都是以這種烘焙石製作。

威爾斯小蛋糕是足以代表威爾斯的甜點之一，雖然稱為蛋糕，但個頭很小，為不到10公分的圓形。口感也跟所謂的蛋糕、海綿蛋糕（→P.216）或維多利亞三明治蛋糕（→P.206）那種磅蛋糕類型的蛋糕明顯不同。介於餅乾（→P.24）與司康（→P.158）之間，外層酥鬆，裡面則是濕潤的口感，一放到嘴巴裡就散開了。正因為這種入口即化的美味，才能受到長達好幾世紀的喜愛。

英國人家庭代代相傳的威爾斯小蛋糕是種平易近人又樸實的家常甜點，感覺有點像是日本上一個時代的蒸麵包或蒸饅頭。威爾斯小蛋糕與英國庶民喝的紅茶、或是把牛奶加到用茶包泡得很濃的紅茶裡，再倒進馬克杯裡喝的奶茶非常對味。

可以熱熱吃，也可以放冷後再吃，但是以剛出爐趁熱吃為主流。標準的吃法是撒一些砂糖來吃，也可以塗奶油。坊間也有對半切開，夾著果醬販賣的威爾斯小蛋糕。

威爾斯小蛋糕（直徑7cm的圓形烤模12片份）

材料
低筋麵粉 …… 225g
泡打粉 …… 2小茶匙
奶油 …… 110g
砂糖 …… 60g
蛋 …… 1個
葡萄乾 …… 60g
沙拉油 …… 適量

作法

1 將低筋麵粉和泡打粉混合並過篩。把蛋打散備用。將奶油切成適當的大小。

2 把1的粉類和奶油放進食物處理機，打碎到變成疏鬆的粉狀。

3 移到調理碗中，加入砂糖和葡萄乾，攪拌均勻，在正中央壓出凹槽，倒入蛋液，把麵糊撥成一團。

4 把低筋麵粉（分量另計）撒在作業台和擀麵棍上，把麵團擀成5mm厚，用直徑7cm的不鏽鋼塑型環切壓出形狀。

5 把沙拉油倒入平底鍋加熱，兩面各以小火煎5分鐘，煎到酥酥脆脆，呈現金黃色為止。
※吃的時候再撒些砂糖來吃。

麵團是由好幾種要素構成的甜點骨幹。
以下為各位介紹英式甜點中經常會用到，最好事先認識的麵團。

鬆脆酥皮
SHORTCRUST PASTRY

把奶油混入麵粉裡揉製的麵團，相當於法式甜點的酥脆塔皮麵團（pâte brisée）。加入夾心，當成派皮或塔皮來用。不只是甜點，也用來製作鹹派等餐點。也有人會加入蛋或砂糖，做成濃郁的風味。

材料（完成品約275g）
低筋麵粉 ⋯⋯ 170g
奶油 ⋯⋯ 85g
水 ⋯⋯ 2～3大茶匙
鹽 ⋯⋯ 1/4小茶匙

※〈基本的配方〉麵粉：奶油＝2：1＋水

作法

1　將低筋麵粉和鹽混合並過篩。將奶油切成適當的大小。

2　將1的粉類和奶油放進食物處理機，打碎到變成疏鬆的粉狀。

3　將2倒進調理碗，在正中央壓出凹槽，一點一點地加入冷水，把麵糊撥成一團。

4　用保鮮膜把麵團包起來，放進冰箱冷藏30分鐘以上。

本書用到鬆脆酥皮的甜點
蘋果派 ➡ P.10
貝克維爾塔 ➡ P.12
香蕉太妃派 ➡ P.16
果醬塔 ➡ P.114
蛋白霜檸檬派 ➡ P.122
百果餡派 ➡ P.130
糖蜜餡塔 ➡ P.200

千層酥皮
PUFF PASTRY

反覆折疊的麵團，相當於法式甜點的千層派皮麵團（pâte feuilletée／feuilletage）。特色在於像是由一層一層的薄紙重疊起來的層次感。有很多種作法，在此介紹在家也容易製作的速成麵團——Rough Puff Pastry。

材料（完成品約325g）
低筋麵粉 ⋯⋯ 100g
高筋麵粉 ⋯⋯ 50g
奶油 ⋯⋯ 115g
水 ⋯⋯ 5～6大茶匙
鹽 ⋯⋯ 1/4小茶匙

※〈基本的配方〉奶油大概是麵粉的7～10成＋水

作法

1　將低筋麵粉和高筋麵粉、鹽混合並過篩。

2　將奶油切成1～2cm的小丁，加到1的粉裡，混合攪拌均勻。

3　一點一點地加入冷水，把麵糊撥成一團。

4　把低筋麵粉（分量另計）撒在作業台和擀麵棍上，把麵團擀成15×30cm左右的長方形。

5　把左側3分之1的麵團往內折，再把右側3分之1的麵團往內折，轉過90度，擀成長方形。重複3次以上的作業。

6　把左側3分之1的麵團往內折，再把右側3分之1的麵團往內折，用保鮮膜把麵團包起來，放進冰箱冷藏30分鐘以上。

本書用到千層酥皮的甜點
埃各爾思蛋糕 ➡ P.78
英式蛋塔 ➡ P.126

海綿蛋糕
SPONGE CAKE

把砂糖加到蛋液裡打發，再加入麵粉混合攪拌均勻，做成海綿蛋糕。蛋液裡的空氣會因為烘烤而膨脹，讓麵團也跟著膨起來。本書介紹的是使用全蛋，不把蛋黃與蛋白分開的全蛋法，相當於法式甜點中的熱那亞（Genoise）海綿蛋糕麵團（pâte à génoise）。附帶一提，把蛋黃與蛋白分開的分蛋法稱為手指餅乾麵糊（pâte à biscuit）。

材料（直徑18cm的圓形蛋糕模1個份）
低筋麵粉 ⋯⋯ 90g
泡打粉 ⋯⋯ 1小茶匙
砂糖 ⋯⋯ 70g
蛋 ⋯⋯ 3個
香草精 ⋯⋯ 2～3滴

※〈基本的配方〉麵粉：砂糖：蛋＝1：1：2

作法
1 把奶油（分量另計）塗抹在模型裡，鋪上烘焙紙。將烤箱預熱至180度。
2 將低筋麵粉和泡打粉混合並過篩。
3 把蛋和砂糖放進調理碗，打發到帶點黏性，顏色泛白為止。
4 將過篩的粉類和香草精加到3裡，輕輕混拌均勻。
5 倒入模型，放進180度的烤箱烤40分鐘。

本書用到海綿蛋糕的甜點
微醺蛋糕 ➡ P.198
查佛鬆糕 ➡ P.202

最好記起來的用語
■■■■■■■■■■■■■■■■■■■■

用手搓勻
RUBBING-IN

把奶油加到粉裡，用手指揉搓到疏鬆均勻的作業，讓加入奶油的粉類變得乾爽不沾黏。相當於法式甜點技巧中的沙狀搓揉法。用來做成麵包粉狀，但是又比日本的麵包粉還要來得再細一點，比較接近起司粉。包括司康（→P.158）在內，很多法式甜點都採用這個手法。

盲烤
BAKING BLIND

意指蛋白霜檸檬派（→P.122）等甜點填入夾心前，先將派皮空燒一下。這是為了避免底部沒烤熟。由於派皮受熱會縮起來，向上隆起，所以要先鋪一層烘焙紙，壓上重石來做。

烤盤甜點
TRAY BAKE

英國家庭一定會有烘焙烤盤，有的是正方形，有的是長方形，不只是甜點，也能用來做菜。把麵糊薄薄地鋪在上述的烤盤裡烘烤而成的甜點稱為烤盤甜點，蜂蜜蛋糕（→P.108）或薑汁鬆糕（→P.144）就是這種烤盤甜點。烘烤的時間比較短，烤好後只要切開即可享用，作法非常簡單，是很適合在家裡製作的家常點心。

雙層派皮
DOUBLE-CRUST

CRUST指的是外皮的意思。所謂雙層派皮是指像蘋果派（→P.10）那樣，把麵團分別覆蓋在派底和表面。

2種 基本的奶油

奶油能為甜點增添色彩及風味。
奶油糖霜主要用於製作蛋糕，卡士達醬主要用於製作飯後甜點。

奶油糖霜
BUTTER CREAM

英國甜點中使用頻率最高的莫過於奶油。蛋糕店用的高級奶油是以蛋白霜或炸彈麵糊（把蛋黃打散，注入熱糖漿，打發而成）來製作。雖然很費工，但是濃郁又好吃，口感柔滑細緻。另一方面，家庭用的奶油則是只以無鹽奶油及糖粉、牛奶製成，作法極為簡單。牛奶扮演著把材料整合起來的角色。奶油糖霜很容易製造出變化，也可以加入咖啡或可可粉，享受不同的味道。

材料（完成品約100g）
無鹽奶油 …… 40g
糖粉 …… 60g
牛奶 …… 2小茶匙

※〈基本的配方〉奶油：砂糖＝1：2＋牛奶

作法
1 把無鹽奶油放進調理碗，搗成乳霜狀，再攪拌到逐漸變白，質地變得輕柔為止。
2 把一半的糖粉加到1裡，混合攪拌均勻。
3 再把剩下的糖粉和牛奶加到2裡，拌勻。

本書用到奶油糖霜的甜點
黑啤酒巧克力蛋糕 ➡ P.50
咖啡核桃蛋糕 ➡ P.64
蝴蝶蛋糕 ➡ P.92

卡士達醬
CUSTARD

卡士達醬在英國指稱的範圍很大，泡芙裡的卡士達醬固然是卡士達醬，淋在甜點上的蛋黃醬也稱為卡士達醬。兩者的差別在於有沒有加奶油來做。本書介紹的作法是介於兩者之間的卡士達醬。屬於蛋黃的味道比較不重，口感十分溫和的奶油。

材料（完成品約175g）
蛋黃 …… 1個份
砂糖 …… 25g
低筋麵粉 …… 25g
牛奶 …… 240ml
香草精 …… 2～3滴

作法
1 將低筋麵粉過篩。
2 把牛奶倒進鍋子裡，開小火。
3 把蛋黃和砂糖放進調理碗，攪拌到泛白。再加入過篩的低筋麵粉，混合攪拌均勻。
4 把牛奶煮沸，一點一點地倒進3裡，邊倒邊攪拌均勻。
5 把4倒回鍋子裡，再開小火，過程中要不斷地攪拌。
6 煮到出現黏性以後，關火，加入香草精，混合攪拌均勻。

本書用到卡士達醬的甜點
微醺蛋糕 ➡ P.198
查佛鬆糕 ➡ P.202

單位換算表

英國有很多食譜都是以盎司、磅來表示單位，
以下為大家換算成一目了然的公制單位。

重量		容量		長度		溫度			
15g	1/2oz（盎司）	25ml	1fl oz	2mm	1/16in（英吋）	110℃	Fan 90℃	230°F	
25g	1oz	50ml	2fl oz	3mm	1/8in	120℃	Fan 100℃	250°F	Gas1/2
40g	1 1/2oz	75ml	3fl oz	4mm	1/6in	140℃	Fan 120℃	275°F	Gas1
50g	2oz	100ml	4fl oz	5mm	1/4in	150℃	Fan 130℃	300°F	Gas2
60g	2 1/2oz	150ml	5fl oz（1/4pint/品脫）	1cm	1/2in	160℃	Fan 140℃	325°F	Gas3
75g	3oz	175ml	6fl oz	2cm	3/4in	180℃	Fan 160℃	350°F	Gas4
100g	3 1/2oz	200ml	7fl oz	2.5cm	1in	190℃	Fan 170℃	375°F	Gas5
125g	4oz	225ml	8fl oz	3cm	1 1/4in	200℃	Fan 180℃	400°F	Gas6
150g	5oz	250ml	9fl oz	4cm	1 1/2in	220℃	Fan 200℃	425°F	Gas7
175g	6oz	300ml	10fl oz（1/2pint）	5cm	2in	230℃	Fan 210℃	450°F	Gas8
200g	7oz	350ml	13fl oz	6cm	2 1/2in	240℃	Fan 220℃	475°F	Gas9
225g	8oz	400ml	14fl oz	7.5cm	3in				
250g	9oz	450ml	16fl oz（3/4pint）	9cm	3 1/2in				
275g	10oz	600ml	20fl oz（1pint）	10cm	4in				
300g	11oz	750ml	25fl oz（1 1/4pints）	13cm	5in				
350g	12oz	900ml	30fl oz（1 1/2pints）	15cm	6in				
375g	13oz	1ℓ	34fl oz（1 3/4pints）	18cm	7in				
400g	14oz	1.2ℓ	40fl oz（2pints）	20cm	8in				
425g	15oz	1.5ℓ	52fl oz（2 1/2pints）	25.5cm	10in				
450g	1lb（磅）	1.8ℓ	60fl oz（3pints）	28cm	11in				
500g	1lb2oz			30cm	12in				

製作甜點以前

為各位介紹製作甜點時一定要知道的基本常識。至於要把手徹底洗乾淨到手腕、使用乾燥的工具則無需贅述。

· 分量的標示為1大茶匙＝15ml、1小茶匙＝5ml（平匙）。附帶一提，英文分別是以tbsp（tablespoon的縮寫）、tsp（teaspoon的縮寫）來標示。
· 烤箱依照不同的機種，烘烤的時間也不盡相同。有的上火比較強，有的下火比較強，烘烤的火候也因人而異，所以請先了解自家烤箱的特性。
· 酥皮（→P.214）很容易受到天氣的影響。寒冷的季節要多加一點水、炎熱的季節則最好把水分控制得少一點。發酵麵團也一樣。另外，高溫多濕的時期比較快發酵。
· 製作酥皮（→P.214）的時候動作要快，而且要在水和粉是冷的狀態下製作。天氣炎熱的季節不妨先冰在冰箱裡冷藏一下。
· 請先把蛋置於室溫中。

關於工具

以下介紹製作甜點時所需要的工具。舉的例子都是英國一般會用到的工具，
倘若國內也有類似或自己慣用的工具，也可以改用類似或自己慣用的工具。

計量工具

製作甜點要從正確地計量開始。必須準備
能以0.5克的單位量到1公斤為止的磅秤、量
匙、量杯。要是有小一點的量杯也很方便。

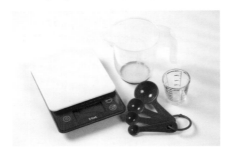

廚房用品

在英國，多半會用陶瓷製的攪拌碗來代替
調理碗。粉類要先過篩才用，所以篩子也是
必備的工具。要是有幾根大小各異的打蛋器
會很方便。由於味道會附著在刮刀上，請和
做菜用的刮刀分開。

用來製造光澤感的刷子如果買矽膠製，清
洗保養會比較輕鬆。用茶篩子來把糖粉撒在
完成品上。英國還有一種把充滿洞洞的蓋子
罩在馬克杯上的搖搖杯。用刮板來處理發酵
麵團會比較順手。

請用水分不會蓄積在底部的散熱架來讓烤
好的甜點冷卻。鋸齒狀刀刃的刀子和麵包板
則是用來切蛋糕或派。也可以用砧板來代替
麵包板。

有的話會很方便的工具

用來削檸檬皮的工具稱之為刨絲器，木
頭製，附有把手的檸檬榨汁器（Lemon
Reamer）是英國特有的工具。用來檢查蛋
糕中間有沒有烤熟的蛋糕測試針也可以用竹
籤代替。要是有個小巧的起司刨絲器會很方
便。

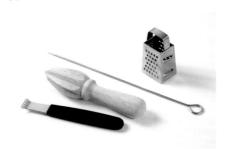

烘焙工具

選用底部可以拆卸的蛋糕模或派模會比較好處理。最好也準備一些磅蛋糕的模型及烤盤。

也要準備一次可以烤6個、12個的杯子蛋糕模型、馬芬模型、蛋糕紙模。

圓形或菊花形狀的餅乾模、不鏽鋼塑型環使用於製作餅乾（→P.24）的時候。有各式各樣的形狀，請配合自己打算做的餅乾大小來購買。也有很可愛的形狀，例如薑餅人（→P.106）的模型等等。

至於聖誕布丁（→P.58）及太妃糖布丁（→P.182）等用蒸的布丁則有其專用的容器，名為布丁盆。除了陶瓷製以外，也有塑膠製的。大小也有一人份的尺寸。以上這些都是充滿了英國風格的工具，但是也可以用咖啡歐蕾碗之類的來代替。

也有一些模型及工具是英國才有的專用模型及工具。例如不鏽鋼活底蛋糕模是維多利亞三明治蛋糕（→P.206）的專用模型。利用2層比較淺的蛋糕模，可以省下切開的工夫。而且因為很淺，不用烤太久，也不容易失敗。另一方面，還有便於為蛋糕切片的鐵絲。巴騰堡蛋糕（→P.22）亦有其專用的烤模，因為已經有隔間，烤的時候能自動將麵糊分成4等分。

做果凍（→P.80）用的模具也有動物等可愛的形狀。材質則有玻璃及陶瓷、鋁等等。

電子調理工具

當然也可以手工製作，但是有很多東西改用電子調理工具一下子就能搞定。例如要打發材料時很方便的手持式攪拌器、代替用手搓勻（→P.215）麵粉與奶油的食物處理機、將水果打成泥狀之際很好用的手持式攪拌棒。也可以用麵包機或揉麵機來處理發酵麵團。

本書的作法多半是用在日本就能買到的食材來製作，
以下也會介紹到英國特有的食材。

粉類

　　低筋麵粉是製作甜點時最常用到的粉。偶爾也會使用高筋麵粉或全麥麵粉、燕麥片等等。英國的Plain Flour相當於日本的低筋麵粉，但是比較接近中筋麵粉，不妨依個人口味與高筋麵粉搭配使用。泡打粉及小蘇打粉則是作為膨脹劑使用。如果是發酵麵團，還會用到酵母。英國也能買到事先把泡打粉加在麵粉裡的自發麵粉／self-raising flour，很方便。只要加入水和油就能做的蛋糕預拌粉種類相當豐富。酵母也有各式各樣的種類，但是以速發乾酵母（速發酵母）最好用。

砂糖類

　　英國最常使用的砂糖是細砂糖、紅糖、德麥拉拉（DEMERARA）蔗糖等，細砂糖可以用白糖代替，紅糖或德麥拉拉蔗糖可以用三溫糖或蔗糖代替。順帶一提，細砂糖是顆粒比白糖更細的砂糖。

　　除此之外，最後的翻糖裝飾藝術還會用上糖霜（糖粉）。

糖蜜類

　英式甜點經常會用到糖蜜。這是在精製砂糖的過程中萃取的副產品，金黃色的糖蜜稱為轉化糖漿、黑色的稱為黑糖蜜，分別可以用蜂蜜、黑蜜來代替。

奶油與脂肪

　奶油是決定甜點風味的材料之一。也會用到人造奶油、起酥油、豬油。板油（suet）是牛腎臟周圍的脂肪，用於製作聖誕布丁（→P.58）等傳統甜點。在英國可以買到乾燥的米粒狀板油。

牛奶與鮮奶油

　如同日本的牛奶分成成分調整牛奶、加工奶，英國也依脂肪含量分成3種，以蓋子的顏色區分。製作甜點時最好使用乳脂肪含量1.5%以上的牛奶。

　英國的鮮奶油分成低脂鮮奶油（乳脂肪18%）、高脂鮮奶油（乳脂肪48%）、發泡鮮奶油（乳脂肪34%）等3種。低脂鮮奶油多半用來製作淋醬，如果要用於麵團之類的材料，最好使用脂肪含量47%以上的鮮奶油。

　香醇濃郁的凝脂奶油（脂肪含量55%）則是以放在司康（→P.158）上來吃為最常見的吃法。

蛋

　請使用新鮮的雞蛋。一般尺寸的蛋，重量約60g。蛋白的含量會依蛋的大小而異，蛋黃的重量則幾乎差不了多少。

香料類

經常使用到的是肉桂、肉荳蔻、牙買加胡椒、生薑。英國還有一種事先把芫荽籽、肉桂、肉荳蔻、葛縷子、生薑混合在一起的綜合香料。與咖哩用的綜合香料不一樣，請特別留意。

果乾

葡萄乾、淡黃色無子葡萄乾、綜合果乾、糖漬櫻桃的使用頻率特別高。日本雖然不常看到，但是也會用到蜜棗（風乾的椰棗）。

水果

日本的水果主要都把重點放在新鮮現吃，因此會不斷進行品種改良，看起來很漂亮、強調甜度的水果也所在多有。另一方面，或許因為英國的水果經常用於甜點或料理，還保留著原本的模樣及野生的風味，價格也很便宜。郊外或農村的庭院多半都會種植蘋果或洋梨、杏桃、覆盆子等等，自然也會將其應用在甜點上。

英國的水果中最常用到的大概是蘋果。蘋果分成做菜用的料理蘋果與生吃的甜點蘋果（食用蘋果），如果是要烤熟的甜點，會使用以布拉姆利為代表的料理蘋果。如果在日本，可以改用酸味強烈的紅玉蘋果。

除此之外，覆盆子及黑莓等莓果類在英國也是非常普遍的水果。順帶一提，草莓是夏天的水果，產季從6月開始。

酒精類

用來增添風味。有黃柑橘香甜酒或黑醋栗利口酒等利口酒類，再加上蘭姆酒、白蘭地、威士忌，也會用雪莉酒、啤酒、蘋果酒來製作甜點。

充滿英國風味的食材

市面上常陳列販賣著事先做好的鬆脆酥皮（→P.214）及千層酥皮（→P.214）等酥皮或蛋白霜脆餅（→P.128）。

在英國，有很多人享用甜點的時候會加上卡士達醬（→P.216）。當然也可以自己從頭做起，但是也能買到只要加入熱水就能簡單搞定的粉末或罐頭卡士達醬，說是家庭的常備食材也不為過。

罐頭的種類琳琅滿目，還有裝滿了覆盆子、紅醋栗等莓果的夏季水果罐頭，在製作夏日布丁（→P.186）的時候非常方便。

將接骨木花醃漬做成糖漿的接骨木花釀用於製作果凍（→P.80）或糖漿等等。

塔塔粉（酒石酸氫鉀）、粉末狀的蛋白等等都可以輕易買到。分成小包裝的產品很好用。

英國的地域特徵

雖然都統稱為英式甜點，但其實會根據每樣甜點誕生、
成長的土地之地理及氣候、生活習慣而有所不同。
以下將英國分成7個地區，為各位介紹其各自的特徵。

倫敦

由於倫敦就在皇室腳下，所以鮮奶油布丁（→P.190）及雀兒喜麵包（→P.46）等至今仍受到英國人喜愛，與皇室有淵源的甜點隨處可見。倫敦身為首都，從以前就有許多高級食材聚集在這裡，也有很多經過千錘百鍊的甜點。

英格蘭南部

東南部是世所周知的酪農地帶，用如詩如畫來形容再適合不過了，也是素負盛名的乳製品產地，以搭配司康（→P.158）一起吃的凝脂奶油和冰淇淋（→P.112）聞名。最有趣的是以貿易盛極一時的康沃爾，過去有過昂貴的香料、番紅花交易，因此用上了番紅花的蛋糕——康沃爾番紅花蛋糕（→P.68）是其特產。

這裡算是英國全境之中，氣候比較溫暖的地方，所以水果的種類也很豐富。有很多英國甜點都會用到果乾，但是在英格蘭南部，使用新鮮的蘋果或草莓的甜點也不少。

英格蘭中部

這個地區的特產黑布丁可以說是英國布丁（→P.226）的基礎。或許也正因為如此，這個地方盛產各式各樣的布丁（話說回來，黑布丁其實是香腸之類的食品）。同時也是甜菜根的產地，不只一般用來製作英式甜點的細砂糖，還有紅糖及糖蜜的一種——轉化糖漿（→P.221）等等，可以看到善用各種砂糖特性的甜點。

英格蘭北部

約克夏占了這個區域的一大半，有很出名的紅茶廠商和下午茶沙龍。或許是因為這樣，以胖頑童（→P.98）為首，誕生了許多適合在下午茶時間享用的甜點。

深深受到皇室眷顧的鮮奶油布丁（→P.190）。

如今在英國各地都可以買到這款誕生自英格蘭北部的埃各爾思蛋糕（→P.78）。

奶油酥餅（→P.166）是蘇格蘭的甜點，在英國是很搶手的伴手禮。

另外，英格蘭北部也曾經是孕育出人稱High Tea的下午茶飲食習慣的土地。工業革命時，勞動階級的男性們會在傍晚4～5點左右下班回家，與全家人一起邊喝紅茶、邊吃飯或享用甜點，這便是下午茶的起源。之所以取名為High Tea，有一說是因為全家人圍著高腳餐桌用餐。

威爾斯

威爾斯位於與英格蘭隔著一座山的地方，過去因為交通不便，孕育出獨特的甜點文化。包括斑點麵包（→P.18）在內，以使用了大量果乾，可以保存很久的甜點為特徵。

蘇格蘭

司康（→P.158）還有奶油酥餅（→P.166）是足以代表英國的甜點，追溯其歷史，全都是蘇格蘭的甜點。也有很多以位於不列顛島以北，可在嚴寒環境下栽培的燕麥（燕麥片）為材料製作的甜點。

蘇格蘭也是威士忌的產地，因此用威士忌製作的甜點也不少。據說這是酷寒的土地為了讓身體暖和起來而想到的妙招。

北愛爾蘭

因酵母很晚才普及，所以使用小蘇打粉製做麵包甜點是這裡的特徵，以蘇打麵包（→P.176）最具有代表性。再加上作法很簡單，在英國各地都受到熱烈的支持。除此之外也還有其他以小蘇打粉製作的甜點。

另一方面，健力士黑啤酒（stout）亦是足以代表愛爾蘭的飲料。不光是料理，也可以用來製作甜點。

愛爾蘭的蘇打麵包（→P.176）是用小蘇打粉來發麵團。表面的十字令人印象深刻。

蘇格蘭

北愛爾蘭

英格蘭北部

英格蘭中部

威爾斯

英格蘭南部

倫敦

布丁的定義

布丁是經常出現在英國甜點中的字眼，
在食譜或餐廳的菜單上也時常可以看到。
大家或許還不太熟悉，但英國的布丁究竟是什麼意思呢？

　　英式甜點的特色之一，莫過於有很多名字裡有布丁（pudding）的甜點。光是本書介紹給大家的就有奶油麵包布丁（→P.36）、夏娃布丁（→P.88）、米布丁（→P.150）等等，可以說是不勝枚舉，難以一網打盡。

　　不妨將現在的布丁這個單字的意思視為所有點心，尤其是甜點的總稱。事實上，也有不少餐廳的菜單是以布丁二字來代替甜點。

　　依照作法，可以大致將布丁分成三種，分別是用蒸的布丁、放進烤箱烘烤的烤布蕾、以及要冷藏的冰涼凝結布丁。這些都是隨著廚房用品的變遷才陸續問世的食品。

　　而且布丁這個單字不僅指甜點，就連餐點也以布丁為名。像是與烤牛肉一起上桌的約克夏布丁、用豬血製成，可以說是英國血腸的香腸類食物也被稱為黑布丁。這

與布丁的歷史有很大的關係。

　　布丁這一個詞彙是在1066年「諾曼人征服英格蘭」戰役以後始登上歷史舞台的。據說是法語的「boudin」流傳到英國變成「pudding」。這時所謂的布丁是前述意指香腸的黑布丁。香腸本來是把肉餡灌進豬腸裡的食物，黑布丁也不例外。可是灌香腸很費工，還得事先準備好腸子備用，工作效率著實不高。

　　這時名為布丁布的布出現了。把食材包在布丁布裡，用熱水煮熟，從此家家戶戶都能輕鬆地做布丁。這是發生在17世紀的事。同時，填充物不只肉類，也開始改用穀類及麵包粉、果乾、奶油類等等。這麼一來，甜的布丁就愈來愈多了。

　　另一方面，烤布蕾出現在16世紀的時候。這種用烤箱烘焙的布丁，與烤爐的普及息息相關。烤箱起初是具有經濟實力的貴族才能擁有的設備，隨著時代的演

也可以用「pudding」來表示甜點的意思（Puds是Puddings的簡寫）。

搭配正餐一起吃的約克夏布丁也是布丁的一種。

太妃糖布丁（→P.182）是一般家庭也很常吃的甜點。

變逐漸推廣到民間，從而開始用烤箱做出了各式各樣的布丁甜點。用酥皮／派皮（→P.214）製作布丁也是在開始使用烤箱以後。

進入19世紀之後，「水煮」的這種烹調方式逐漸變成「用蒸的」，蒸布丁於焉問世。主要是因為有人發明了一種稱為布丁盆（→P.219）的專用容器。在現今，聖誕布丁（→P.58）是吸引大批粉絲的代表性蒸布丁。

當布丁開始大行其道之後又過了幾個世紀，冰涼凝結布丁在20世紀登場。冰涼凝結布丁是一種冷藏點心，是隨著冷藏或冷凍技術發達而流行起來的甜點。作法不是重點，凡是冷布丁都稱為冰涼凝結布丁，因此冰淇淋（→P.112）、雪酪（→P.178）、查佛鬆糕（→.P202）、夏日布丁（→P.186）都屬於冰涼凝結布丁。

一開始從香腸起步的布丁發展成料理之後，因為原本很昂貴的砂糖開始變得普及，甜布丁的種類也愈來愈多，逐漸自成一格。布丁的歷史與廚房用品的變遷有著非常密切的關係。近年來已經可以看到用微波爐代替蒸的作法，或許在不久的將來，蒸布丁就會被微波布丁取代了。

奶油麵包布丁（→P.36）原本是很隨興的甜點，一旦變成餐廳的甜點，就會擺盤得很漂亮。

聖誕布丁（→P.58）是一定不會缺席的聖誕節甜點。市面上有各式各樣的種類。

查佛鬆糕（→P.202）是一種冰涼凝結布丁。

烘焙所指為何

一看到意味著烘焙坊的Bakery，就會想到麵包店，
但是在英國可不是這個意思，也販賣蛋糕。
只要探索蛋糕的意思，就能想通其理由何在了。

一提到烘焙坊／Bakery，日本人都會認為是麵包店，但是在英國，是指不只有麵包，也販賣蛋糕的店，也有人稱其為bake shop。之所以這麼說，是因為bake是指「用（烤箱之類的）直火烘焙」的意思。如同魚的名稱在日本會隨成長階段而異，種類太多的東西都會再進行更細的分類。即使同樣是「烘烤」，英文也會依烘烤的手法分成「roast」、「grill」等單字。

換而言之，所謂的烘焙，現在的意思是指「用烤箱烘烤的東西」。因此蛋糕和餅乾（→P.24）、麵包、乃至於可以當正餐吃的派或鹹派都是烘焙食品。也因此，Bakery或bake shop會賣蛋糕，也會賣麵包。日本人印象中的蛋糕都是裝飾得很漂亮的那種，但是英國的蛋糕多半是指烤好就完成的傳統蛋糕。這是因為蛋糕和麵包的糖分含量雖然不一樣，但是製作程序其實大同小異。那麼，如果要強調是裝飾得很漂亮的蛋糕店又該怎麼稱呼呢？這時會借用法文寫成pâtisserie，也有人稱其為cake shop。

有趣的是，或許也正因為如此，英式甜點從名稱通常看不出個所以然來。最有代表性的莫過於燕麥蛋糕（→P.136）。明明比較像是餅乾（→P.24），卻取名為蛋糕。另一方面，香蕉麵包（→P.14）明明比較像蛋糕，卻取名為麵包。

即使同樣拼成cake，英國的蛋糕與法國的蛋糕在概念上卻完全不一樣。法國的蛋糕是用跟磅蛋糕相同的材料，以相同的分量製成，所以只是眾多甜點裡的其中一個分類。就算是法語中意指所有蛋糕的「gateau」也與英國的蛋糕不同。英國的蛋糕並非單指糕餅，麵包也包括在內，範圍相當廣泛。

這其實有其歷史背景存在。因為麵包是蛋糕的祖先。想必大家都知道，bread泛指

烘焙坊有麵包也有烘焙點心。

法國的蛋糕店如果販賣裝飾得很漂亮的蛋糕，則會以「pâtisserie」為名。

燕麥蛋糕（→P.136）雖然取名叫蛋糕，但其實比較像是餅乾（→P.24）或蘇打餅。

所有的麵包。而bread還能再細分成幾種，小的bread指麵包或卷類，大的bread則是會再加上意味著「塊」的loaf，稱為loaf of bread。

把這種loaf of bread的麵團分成小塊，捏成圓形或橢圓形，將兩面烤得硬硬的東西稱為cake of bread，一般認為這就是蛋糕這個單字的起源。蛋糕曾被當成麵包的同義詞使用，不過蛋糕專指小塊的、扁平的、使用了奢侈食材的扁麵包。因此現在也會用蛋糕指稱圓盤狀的麵包。

一提到麵包，無論如何都會給人在用餐的時候吃的印象。然而，英國人並不這麼吃。就是因為麵包和蛋糕曾經是同義詞的緣故。從麵包甜點中的巴斯小圓麵包（→P.20）和雀兒喜麵包（→P.46）都是用來配茶享用的不折不扣甜點來看，就是最好的證明。在中世紀的時候被視為奢侈品，加入了香辛料的蛋糕中，最具有代表性的莫過於紅茶小蛋糕（→P.194）。因為雖然名為蛋糕，其實是用發酵麵團製作的麵包甜點。

如此可見，麵包與蛋糕的概念在英國十分曖昧模糊，名稱會因時制宜地改變，處於無法理出頭緒的狀態，延續到現在。因此bread、麵包、loaf、蛋糕全都混在一起，「烘焙」是其共通點。正因為如此，蛋糕店和麵包店也沒有明顯的界線，都叫做bakery／bake shop。

紅茶小蛋糕（→P.194）和麵包一樣都是用發酵麵團製作。

雀兒喜麵包（→P.46）過去曾經是很高級的發酵點心。

「Jaffa Cakes」到底是蛋糕還是餅乾（→P.24）也引發爭議，因為界線過於模糊，還曾經為此興訟。

下午茶的點心、飯後甜點的點心

英國的甜點不是用作法，而是以食用的時機區分。
主要的差別在於是在下午茶的時候吃，
還是當成飯後甜點來吃。

食譜通常是依照作法分類，甜點也不例外，日本一般都分成蛋糕類、派類。

然而，英國卻不是這樣分類的。細節部分的確會採取這種依作法分類的方式，但是在分成大類的時候，卻是以食用的時機來區分。

這是因為英國的甜點主要會分成配茶吃的點心和飯後吃的甜點。在食譜或餐廳的菜單上區分成「下午茶的點心／tea time（treat）、afternoon tea（這裡所說的afternoon tea並非英國有名的遊樂設施，而是下午茶的意思）」、「飯後甜點的點心／dessert、pudding、sweet、afters」等等。如P.226所述，布丁不只是餐點的分類，也是飯後甜點的意思。

再說得詳細一點，下午茶時間吃的點心，多半是用手就可以直接抓來吃的餅乾類甜點。餅乾（→P.24）及奶油酥餅（→P.166）便是箇中代表，被視為下午茶

的點心，蛋糕亦然。應該有不少人曾經有過在英國的咖啡廳或茶館小憩片刻的時候點蛋糕來吃，送上來的蛋糕卻沒有附餐具的經驗。因為這是以一手端著茶杯，一手拿起甜點來吃為前提。在英國吃下午茶的時候，明明有用來塗抹凝脂奶油或果醬的餐具，卻沒有附上用來切開甜點的刀子或把甜點送進嘴巴的叉子，就是同樣的理由（不過時至今日，為了方便享用，也有不少地方會附餐具）。

至於飯後才吃的甜點，不同於出現在下午茶的甜點，以口感濕潤紮實的甜點為主。舉例來說，像是伊頓混亂（→P.86）或查佛鬆糕（→P.202），因此需要湯匙或叉子等餐具。英國家庭的晚餐通常都把主菜的肉和配菜的蔬菜等食物全部裝在一個盤子裡，但還是會吃飯後甜點。話雖如此，多半也只是開一罐水果罐頭，再淋上卡士達醬（→P.216）或市售的慕斯等非常

食譜通常分成下午茶的點心、飯後甜點的點心。

餅乾（→P.24）依舊是標準的下午茶點心。

伊頓混亂（→P.86）通常是以飯後甜點的方式登場，要用餐具吃。

簡單的東西。不同於以米為主食的日本或亞洲各國，英國的餐點幾乎不含糖分，因此也有藉由飯後甜點來補充糖分的用意。

雖然並未以作法來區分，但是下午茶的點心與飯後甜點的點心之間沒有明確的界線，而且通常兩邊都會提供蛋糕及派類。如果是飯後甜點，即便是跟下午茶吃的點心一樣，也會附上淋醬或奶油。配合享用的時機，也有比較從簡的分類。像蘋果派（→P.10）是下午茶或飯後都有機會吃的甜點，有些書會把蘋果派歸為類下午茶點心，有些書則把蘋果派歸類為飯後甜點，這些全都要看撰寫那本書的作者將蘋果派分在哪一類。

話說回來，還有一種甜點類型，那就是sweets，即法式甜點中稱為confiserie，英文特地用confectionary這個專門用語來稱呼的砂糖甜點。巧克力及糖果、太妃糖都屬於這一種甜點。在英國，販賣這種甜點的商店稱之為sweets shop，把糖果裝在大玻璃瓶裡的模樣，看起來很像日本的老雜貨店。以前走在街上到處都可以看到，出了車站就在眼前，感覺糖果糕點店已經成為日常生活中的一部分。然而這種古色古香的商店無一例外都在減少當中。話雖如此，用新的感覺來包裝思古幽情的店其實也隨處可見。

蘋果派（→P.10）既是下午茶點心，也是飯後甜點。

在sweets shop裡可以買到糖果及汽水糖。

外觀古色古香的sweets shop。

英國與美國的差異

因為同為英語圈的國家，英國與美國經常被混為一談。
不過還是有其差異，甜點也不例外。
以下為各位介紹容易被混為一談的甜點。

　　雖然經常被混為一談，但歐美是完全不同的文化圈，英美之間自然也不例外。英美間最麻煩的一點，就在於某種程度上，英文是兩國共通的語言，但即使是同一句話，也不見得就是指同一個意思。另外，也有可能用不同的字眼來形容同一件事。這點放在甜點的世界裡也說得通。

　　如同各位也知道的，美國有很多來自英國的移民，想當然耳，會把自己國家的語言習慣帶過去，在那個地方逕自發展，結果又成了意思截然不同的新詞彙。以美國為例，也有很多來自荷蘭及法國、德國等其他國家的移民，因此也會受到那些國家的語言影響。此外，有些在英國已經進化的語言，由於美國很重視自己的根源，所以還保留著這些古老的英國話。

　　以下帶大家看幾個例子，首先是英式甜點的代名詞之一──司康（→P.158）。英國的司康與美國的司康在材料與比例上並沒有什麼太大的差異，差只差在美國的司康（→P.162）會烤得比較硬一點，不沾奶油或果醬，直接這樣吃。還有一個壓倒性的差異，就是享用司康的時機。相較於英國把司康（→P.158）當成下午茶的點心，美國則是當成早餐或輕食來吃。

　　美國人把類似這種英式司康（→P.158）的東西稱為餅乾（biscuit），在日本也發展成速食店的菜色之一，所以應該很容易想到是什麼東西吧。

　　而另一方面，英國人口中所說的餅乾（→P.24）指的是小巧的烘焙點心。日本也稱餅乾為biscuit，但是以美式的稱呼稱餅乾為cookie的人還比較多也說不定。沒錯，biscuit和cookie指的都是餅乾（→P.24），只是名稱因國家而異（不過，日本對biscuit與cookie的定義略有不同）。其實每個國家都一樣，都受到美國無遠弗屆的影響。英國也有cookie這種說

美國的司康（→P.162）比英國的司康粗獷有嚼勁。

英國的燕麥片酥餅（→P.100）是像燕麥棒那種點心，但是美國的燕麥片酥餅卻是指鬆餅類。

蘇格蘭鬆餅（→P.142）比較貼近日本人印象中的鬆餅。

法，指的是比較大塊的餅乾，藉此與餅乾（→P.24）做出區隔。

　　在仙女蛋糕（→P.90）上也可以看到同樣的現象。仙女蛋糕（→P.90）是杯子蛋糕的同義詞，但仙女蛋糕（→P.90）也可以專指個頭比較小的杯子蛋糕。

　　比杯子蛋糕再大一號的蛋糕則稱為馬芬（→P.134）。這種蛋糕是美國的馬芬（→P.134），至於英國的馬芬則稱為英式馬芬（→P.84），口感富有嚼勁，偏向圓形扁平的麵包。

　　像這樣名稱雷同，外觀和味道卻南轅北轍的甜點還有燕麥片酥餅（→P.100）。英國的燕麥片酥餅（→P.100）是像燕麥棒那種點心，但是美國的燕麥片酥餅卻是指鬆餅類。原本燕麥片酥餅在英國也包含鬆餅類，但是已經被時代淘汰了，如今幾乎已經不用燕麥片酥餅（→P.100）來指鬆餅。然而，美國卻還保留著這個單字，真是有趣的現象。附帶一提，這裡所說的鬆餅類在英國稱為蘇格蘭鬆餅（→P.142）。英國單純指稱英式鬆餅（→P.140）的東西是比較薄，類似可麗餅的東西。

　　以上快速地帶大家看一下英式甜點與美式甜點的不同。這些同與不同的地方並不侷限於美國。在討論英式甜點的時候，無論如何都無法避開鄰近的法國、德國、西班牙、大英國協的一員澳洲與紐西蘭的甜點，這是因為有彼此影響才有今天。

英式英語與美式美語的差異

	英	美
餅乾	biscuit	cookie
司康	scone	biscuit
仙女蛋糕	fairy cake	cupcake
棉花糖	candy floss	cotton candy
冰棒	ice lolly	popsicle
烘焙烤盤	baking tray	cookie sheet

	英	美
磅秤	scales	scale
餐具	cutlery	silverware
調理台	worktop	counter
抹布	tea towel	dishcloth
食譜	cookery book	cookbook
垃圾桶	bin	wastebasket

BIBLIOGRAPHY
参考文献

「階級にとりつかれた人びと」新井潤美著(中央公論新社)

「ドイツ菓子大全」安藤明監修、柴田書店編(柴田書店)

「今田美奈子の ヨーロッパ お菓子屋さんめぐり」今田美奈子著(文化出版局)

「キッチンの歴史」ビー・ウィルソン著(河出書房新社)

「友だち料理自由自在」ダスティ・ウェスカー著(晶文社)

「暮らしの設計 大原照子のヨーロッパのおそうざい」大原照子著(中央公論社)

「私の英国菓子」大原照子著(柴田書店)

「私の英国料理」大原照子著(柴田書店)

「フランス菓子図鑑 お菓子の名前と由来」大森由紀子著(世界文化社)

「私のフランス地方菓子」大森由紀子著(柴田書店)

「プロのための製菓技法 生地」金子美明、藤生義治、鮫澤信次、森本慎著(誠文堂新光社)

「世界の食文化17 イギリス」川北稔著(農文協)

「ジュリー・カレンの英国伝統のホームメイドお菓子」ジュリー・カレン著(河出書房新社)

「お菓子「こつ」の科学」河田昌子(柴田書店)

「ミセス・ギフォードのイギリスパイとプティング」ジェーン・ラザー・ギフォード著(文化出版局)

「スーパー・パティシエ・ブック フランス菓子の頑固な味」木村成克著(旭屋出版)

「英国おいしい物語」ジェイン・ベスト・クック著(東京書籍)

「パイの歴史物語」ジャネット・クラークソン著(原書房)

「イギリスの菓子物語」砂古玉緒著(マイナビ)

「お茶の時間のイギリス菓子」砂古玉緒著(世界文化社)

「「イギリス社会」入門 日本人に伝えたい本当の英国」コリン・ジョイス著(NHK出版)

「もっとからだにおいしい野菜の便利帳」白鳥早奈英、坂木利隆監修(高橋書店)

「イタリアの地方菓子」須山雄子著(料理王国社)

「洋菓子用語辞典」千石玲子、千石禎子、吉田菊次郎編(白水社)

「科学でわかるお菓子の「なぜ?」」辻製菓専門学校監修、中山弘典、木村万紀子著(柴田書店)

「お菓子の歴史」マグロンヌ・トゥーサン=サマ著(河出書房新社)

「お菓子の由来物語」猫井登著(幻冬舎)

「英国 旬を食べる」バークス文子著(読売ヨーロッパ社)

「イギリス菓子のクラシックレシピから」長谷川恭子著(柴田書店)

「イギリス人の食卓」林望著(角川春樹事務所)

「名前が語るお菓子の歴史」ニナ・バルビエ、エマニュエル・ペレ著(白水社)

「ケーキの歴史物語」ニコラ・ハンブル著(原書房)

「ニューヨークスタイルのパイとタルト、ケーキの本」平野顕子著(主婦と生活社)

「ニューヨークスタイルのマフィンとスコーン、ビスケット」平野顕子著(主婦と生活社)

「ロイヤル・レシピ」ミシェル・ブラウン著(筑摩書房)

「基礎フランス料理教本」ロジェ・プリュイレール、ロジェ・ラルマン著(柴田書店)

「世界の料理「イギリス料理」」エイドリアン・ベイリー著、タイム ライフ ブックス編集部編(タイム ライフ インターナショナル)

「英国流ビスケット図鑑〜おともに紅茶を〜」スチュアート・ペイン著(バベルプレス)

「ディープなロンドン」カズコ・ホーキ&フランク・チキンズ著(ネスコ)

「ロンドン 食の歴史物語」アネット・ホープ著(白水社)

「チーズ図鑑」増井和子、山田友子、本間るみ子著、文藝春秋編(文藝春秋)

「Dolce! イタリアの地方菓子」ルカ・マンノーリ、サルヴァトーレ・カッペッロ監修(世界文化社)

「英国お菓子めぐり」山口もも著(新紀元社)

「英国の暮らしとおやつ」山口もも著(新紀元社)

「お菓子を習いに英国へ」山口もも著(新紀元社)

「旅するお菓子 ヨーロッパ編」山本ゆりこ著(リベラル社)

「チーズケーキの旅」山本ゆりこ著(女子栄養大学出版部)

「お菓子とケーキ おいしい生地の基本」横溝春雄著(成美堂出版)

「シェフ・シリーズ11 横溝春雄のウィーン菓子」横溝春雄著(中央公論社)

「リリエンベルグのコンフィチュール」横溝春雄著(誠文堂新光社)

「西洋菓子 世界のあゆみ」吉田菊次郎著(朝文社)

「万国お菓子物語」吉田菊次郎著(晶文社)

「洋菓子はじめて物語」吉田菊次郎著(平凡社)

「ヨーロッパ・カルチャーガイド1 イギリス 街・ひと・暮らしの体感ワールド」ECG編集室編(トラベルジャーナル)

「FOOD'S FOOD 新版 食材図典 生鮮食材篇」(小学館)

「Modern Cookery for Private Families」Eliza Acton著 (General Books)

「The Cookery of England」Elizabeth Ayrton著 (Purnell Book Services)

「How it All Began in the Pantry」Maurice Baren著 (Past Times)

「Mary Berry's Baking Bible」Mary Berry著 (BBC Books)

「Mary Berry's Complete Cookbook」Mary Berry著 (Dorling Kindersley)

「Mary Berry's Ultimate Cake Book」Mary Berry著 (BBC Books)

「The Great British Bake Off　How to Bake」Linda Collister著 (BBC Books)

「English Bread and Yeast Cookery」Elizabeth David 著 (Penguin Books)

「The Oxford Companion to Food」Alan Davidson著、 Tom Jaine編 (Oxford University Press)

「Exploring the World of Wines and Spirits」 Christpher Fielden著 (Wine & Spirit Education Trust)

「English Food」Jane Grigson著 (Penguin Books)

「Great British Cooking」Pamela Gwyther著 (Parragon Books)

「Food in England」Dorothy Hartley著 (Little, Brown)

「British Regional Food」Mark Hix著 (Quadrille Publishing)

「Simple Way to Success British」Mark Hix著 (Quadrille Publishing)

「Paul Hollywood's British Baking」Paul Hollywood著 (Bloomsbury Publishing)

「What to Bake & How to Bake It」Jane Hornby著 (Phaidon Press)

「Mrs. Beeton's Book of Household Management」 Nicola Humble編 (Oxford University Press)

「The Bread Bible」Christine Ingram & Jennie Shapter著 (Hermes House)

「Home Bake」Eric Lanlard著 (Mitchell Beazley)

「How to Be a Domestic Goddess」Nigella Lawson著 (Chatto and Windus)

「The Taste of Britain」Laura Mason & Catherine Brown著 (HarperPress)

「How to Be an Alien」George Mikes著 (Penguin Books)

「Jamie's Great Britain」Jamie Oliver著 (Penguin Books)

「In Defence of English Cooking」George Orwell著 (Penguin Books)

「Farmhouse Cooking」The Reader's Digest Association編 (The Reader's Digest Association)

「Marguerite Patten's Complete Book of Teas」 Marguerite Patten著 (Piatkus)

「The Festive Table」Jane Pettigrew著 (Trafalgar Square)

「Cook Britain」Sainsbury's著 (Seven.)

「A Taste of London」Julia Skinner編 (The Francis Frith Collection)

「Delia's Complete Cookery Course」Delia Smith著 (BBC Books)

「Delia's How to Cheat at Cooking」Delia Smith著 (Ebury Press)

「Delia Smith's Christmas」Delia Smith著 (BBC Books)

「Seasonal Food」Paul Waddington著 (Eden Project Books)

「Traditional British Cooking」Hilarie Walden編 (Lorenz Books)

「Food Britannia」Andrew Webb著 (Random House Books)

「Food and Drink in Britain from the Stone Age to the 19th Century」C. Anne Wilson著 (Academy Chicago Publishers)

「The Illustrated Encyclopedia of British Cooking」 Annette Yates, Christopher Trotter & Georgina Campbell著 (Lorenz Books)

「Longman Dictionary of Contemporary English」 (Longman)

「Taste Britain」(Punk Publishing)

其他各公開網站

TITLE

典藏英國甜點

STAFF

		ORIGINAL JAPANESE EDITION STAFF	
出版	瑞昇文化事業股份有限公司	構成・菓子製作	羽根則子
編著	羽根則子	写真	菅トシカズ
譯者	賴惠鈴		羽根則子（P15、P26、P39、P43、P57、
			P60、P96-97、P105、P115-117、P132、
總編輯	郭湘齡		P159-160、P168、P192-193、P208、
責任編輯	徐承義		P220-223現地写真、P224-232）
文字編輯	蔣詩綺　陳亭安	装丁・デザイン	望月昭秀＋木村由香利＋境田真奈美
美術編輯	孫慧琪		（NILSON）
排版	二次方數位設計		
製版	昇昇興業股份有限公司		
印刷	龍岡數位文化股份有限公司		
法律顧問	經兆國際法律事務所　黃沛聲律師		

戶名	瑞昇文化事業股份有限公司	
劃撥帳號	19598343	
地址	新北市中和區景平路464巷2弄1-4號	
電話	(02)2945-3191	
傳真	(02)2945-3190	
網址	www.rising-books.com.tw	
Mail	deepblue@rising-books.com.tw	

初版日期	2018年8月
定價	600元

國家圖書館出版品預行編目資料

典藏英國甜點 / 羽根則子編著；賴惠鈴譯. --
初版. -- 新北市：瑞昇文化, 2018.08
240面；17 x 23公分
譯自：イギリス菓子図鑑 お菓子の由来と作
り方：伝統からモダンまで、知っておきた
い英国菓子104選
ISBN 978-986-401-259-6(精裝)
1.點心食譜 2.英國
427.16　　　　　　　　　　107010910